知识超图

田 玲 郑 旭 著

科学出版社

北京

内 容 简 介

在信息爆炸的时代，如何有效地组织与利用海量知识是一个亟待解决的问题。知识图谱的出现为知识的表示、存储、推理和应用提供了一种新范式，而知识超图是知识图谱的拓展，融合了层次化表示、超边结构、时间节点、事理节点等概念，可以显著地扩充知识图谱的内涵与功能。本书系统地介绍笔者在知识超图理论、技术、平台上的研究成果，包括知识图谱的基本概念、知识超图模型与构建、知识超图管理与评估、知识超图推理、知识超图平台设计与实现、知识超图平台应用等，并以无人机实际应用场景为实例贯穿全书。全书结构完整、内容翔实，从多个角度为读者展现知识超图技术显著的学术价值和广泛的应用场景，以及其在国防领域的重要应用潜力。

本书的读者对象涵盖多个层面和领域，主要包括：对知识图谱和知识超图领域感兴趣的研究人员；从事人工智能相关行业的专业人士；希望深入了解知识超图平台研发的软件工程师；想要通过知识超图技术提升信息管理和决策能力的从业人员；人工智能、计算机科学、信息管理等专业的高校学生。

图书在版编目(CIP)数据

知识超图 / 田玲, 郑旭著. --北京：科学出版社，2024. 12. --ISBN 978-7-03-080466-2

Ⅰ. TP391

中国国家版本馆 CIP 数据核字第 2024L1U552 号

责任编辑：侯若男　霍明亮 / 责任校对：高辰雷
责任印制：罗　科 / 封面设计：墨创文化

科 学 出 版 社 出版

北京东黄城根北街16号
邮政编码：100717
http://www.sciencep.com

四川青于蓝文化传播有限责任公司 印刷
科学出版社发行　各地新华书店经销
*

2024 年 12 月第 一 版　　开本：787×1092 1/16
2024 年 12 月第一次印刷　　印张：11 1/4
字数：264 000
定价：106.00 元
（如有印装质量问题，我社负责调换）

前　　言

党的二十大报告指出，"增加新域新质作战力量比重，加快无人智能作战力量发展"。认知科学、信息技术、生物技术等领域的技术突破与交叉融合是抢占新域新质作战力量发展战略制高点的有效途径。人工智能作为认知科学的重要方向，如何使其变得更可信和更适用一直是学术界关注的焦点。

知识图谱在人工智能系统中，通过结构化图数据模型表达复杂领域知识和逻辑，以其灵活性、开放性，在军事、金融、医疗等领域受到了广泛的关注，涌现出事理图谱、时序图谱、常识图谱等一系列概念及技术。知识表示与推理研究如何在计算机系统或智能系统中，将人类智慧与知识表示成机器易于处理的形式，依据推理控制策略模拟人类的智能推理方式，利用形式化的知识进行机器思维和问题求解。经典的知识图谱基于知识三元组进行表示，其推理方法主要结合端到端深度学习模型，在可靠性、可解释性等方面存在局限。

笔者所在下一代互联网数据处理技术国家地方联合工程实验室系统性地承担了多项国家级重大重点科研项目，致力于在知识图谱理论、技术、平台等方面取得突破，形成全自主可控的解决方案。自 2018 年起，笔者结合领域需求逐步探索积累，形成了知识超图技术体系。与传统知识图谱相比，知识超图技术取得了重要创新，包括：构建"事理-概念-实例"层次化知识架构，延展知识图谱的知识表示范围；通过超边关系与"时间-时刻"节点，实现了不同类型复杂知识间关联关系的刻画；以事件要素、事理逻辑知识为底层驱动，融合了演绎、归纳、溯因、类比等推理方法，形成了具备可解释性的混合推理框架。

本书的撰写凝聚了笔者所在实验室在知识超图理论与构建方向多年来的研究成果，期望可以填补知识超图领域的空白，为相关领域的从业者和相关专业的学生提供一本内容翔实、力争完善的参考资料。本书共分 8 章，全面涵盖了知识超图结构模型设计、数据模型设计、构建及推理方法，以及知识超图平台设计、实现及应用案例，并以无人机实际应用场景为实例贯穿全文，各章主要内容如下。

第 1 章为知识图谱概念与发展，介绍知识图谱的基本概念、来源及研究方向和热点。第 2 章为知识超图模型与构建，介绍知识超图模型、知识抽取方法，以及各知识层的构建方法。第 3 章为知识超图管理与评估，介绍知识超图数据模型、融合方法、知识超图管理中的存储与更新，以及知识超图质量评估方法。第 4 章为知识图谱与知识超图的典型应用，包括语义搜索、自然语言问答、智能推荐、知识推理技术等。第 5 章为基于知识超图的推理决策，介绍知识超图应用于相关领域时的整体技术方案，包括基于模型自动构建的推理，以及基于知识超图的混合推理。第 6 章为知识超图平台设计。结合前述各章理论知识，构建实现全自主可控国产化知识超图平台，介绍其总体设计、数据设计及功能设计。第 7 章为知识超图平台实现，着重阐述知识超图模型构建、知识抽取及超图融合、知识推理等方面的实现情况。第 8 章以卫星发射预测为例，介绍知识超图平台应用。

在成书之际，感谢实验室各位老师及同学对本书做出的贡献。感谢高辉教授、张栗粽教授、康昭副教授、孙明教授在知识超图模型及混合推理理论方面做出的贡献。感谢龚敬及工程师团队在全自主可控知识超图平台设计与实现工作上付出的辛苦努力。感谢张谨川、周雪、周望涛、段婧媛、刘静、张奔、刘笑、石浩东、何洋等同学对全书各章内容的梳理和组织。最后，感谢实验室全体师生在知识超图理论、技术及平台攻坚过程中的共同努力，也感谢各位专家对实验室工作的悉心指导。

田 玲

2024 年 3 月 17 日

目 录

第1章　知识图谱概念与发展

知识是人类智慧的结晶，也是人类进步的动力。在信息爆炸的时代，如何有效地组织、管理、利用海量的知识，是一个亟待解决的挑战。知识图谱（knowledge graph，KG）的出现为知识的表达、存储、检索、推理和应用提供了一种新的方式，也成为当前学术界、工业界的关注热点。首先，本章主要介绍知识图谱的基本概念及其内涵，从语义网（semantic web，SW）背景展开，引入知识图谱的定义；其次，简要地介绍其发展历程，概述其现有主要研究方向及现实应用场景；最后，介绍几种特殊形式的其他类型知识图谱，旨在帮助读者了解知识图谱的核心思想及前沿应用。

1.1　源　　起

人类社会生活产生了海量的数据，其中存在着大量的无用内容和噪声，在此之上经过清洗，提取出的有用的、相关的数据，称为信息。这些信息可以是结构化的、半结构化的或标签化的。知识是人类对信息进行关联总结之后的认识和理解，是人类在实践中认识客观世界的成果，包括事实、描述及在教育和实践中获得的技能等。人类通过对知识收集、加工、应用、传播，形成对事物发展的前瞻性看法，这一过程产生的能力称为智慧，它以知识为基础，随着所具有的知识层次的提高，人类的智慧向更高的层次发展。数据、信息、知识和智慧之间的关系如图 1.1 所示。

图 1.1　数据、信息、知识和智慧之间的关系

图 1.2 展示了无人机的应用场景实例，通过各种途径搜集所需的大量无人机数据，这些数据不仅体量庞大，而且是异构和多模态的，可能包括文本数据、图像数据、音视频数据、雷达数据等，因此在实际场景中难以有效地利用。在对这些数据进行清洗之后，得到

相关且有用的无人机信息,可能包括无人机的名称型号、平台构型、尺寸参数、性能参数、携带的设备等,然而这些信息彼此缺乏关联,依然难以用于现实场景。需要建立信息之间的关联,如将目标型号的无人机与其自身各项属性及携带的各项设备关联起来,这些设备又可以和其生产厂家联系起来,以此类推,可以建立起一个复杂关联的知识网络。通过这些知识的推广应用,人们能够形成对无人机相关事物的前瞻性看法,可以用于无人机的任务规划、协同攻击、军事侦察、灾害搜救等典型应用场景,形成无人机智慧。同时,根据实际应用场景,进一步收集完善相关数据,提升无人机整体自主智能水平。

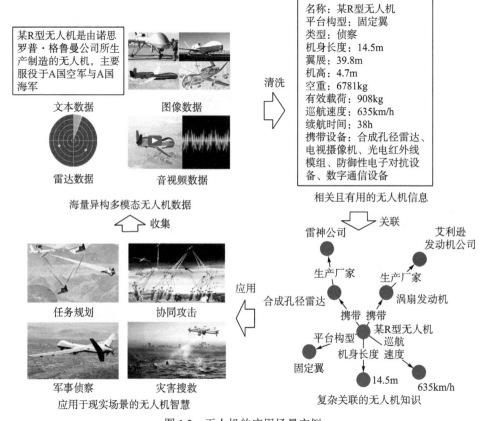

图 1.2　无人机的应用场景实例

随着计算机科学相关领域研究的不断深入,人工智能的研究重心由感知智能转向认知智能。专家系统(expert system,ES)和语义网络(semantic network,SN)作为认知智能的早期代表,将知识引入人工智能领域,在某些特定领域具备一定的问题解决能力,但仍存在规模较小、自动化构建能力不足、知识获取困难等一系列问题。

知识图谱是真实世界中存在的各种实体、概念及其关系构成的语义网络图,用于形式化地描述真实世界中各类事物及其关联关系。知识图谱的出现改变了传统的知识获取模式,将知识工程(knowledge engineering,KE)自上而下的方式转变为挖掘数据、抽取知识的自下而上的方式。经过长期的理论创新与实践探索,知识图谱已具备体系化的构建与推理方法。

知识图谱是一种强大而灵活的人工智能技术，能够表达信息之间的复杂逻辑关系，在人工智能中具有重要的地位，有着广泛的现实应用场景。它可以为自然语言处理(natural language processing，NLP)与计算机视觉等技术提供知识表示和推理的能力，也可以为机器学习(machine learning，ML)模型提供领域知识，从而提高预测的准确性和可解释性，为人工智能提供强大的支撑，并为各行各业带来巨大的价值。

1.2 概 念 类 型

知识图谱有着漫长的发展历程，从 1956 年提出语义网络开始，至 2012 年 Google 提出知识图谱这一概念，经历了 50 多年的发展，其间产生了大量的新概念、新技术，出现了多种类型的知识库。本节首先介绍知识图谱这一概念的内涵与外延，再分别介绍早期知识库、开放知识图谱、中文知识图谱、领域知识图谱等四种具有代表性的知识库。

1.2.1 概念内涵与外延

知识图谱概念的历史发展如图 1.3 所示。语义网络最早由剑桥语言研究所的 Richens 于 1956 年提出，它是一种基于图数据结构的知识表示手段，可以很方便地将自然语言转化为图来表示和存储，并应用在自然语言处理问题上，如机器翻译、问答等。

图 1.3　知识图谱概念的历史发展

1965 年，斯坦福大学的 Feigenbaum 提出专家系统的概念，基于知识进行决策，使人工智能的研究从推理算法主导转变为知识主导。

1977 年，在第五届国际人工智能联合会议上，Feigenbaum 提出知识工程的概念，以知识为处理对象，基于人工智能的原理、方法和技术，研究如何用计算机表示知识，进行问题的求解。

1989 年，Lee 发明了万维网(world wide web，WWW)，并于 1998 年提出语义网的概念，将传统人工智能发展与万维网结合，以资源描述框架(resource description framework，RDF)为基础，在万维网中应用知识表示与推理方法。

2012 年，Google 提出知识图谱的概念。不同于传统专家系统和知识工程主要依靠手工获取知识的方式，知识图谱作为新时代的知识工程技术，以 RDF 三元组和属性图表示知识，数据规模巨大，需要使用机器学习、自然语言处理等技术进行自动化的图谱构建。

近年来，知识超图(knowledge hypergraph，KHG)的概念日益受到广泛关注，知识超图是知识图谱的演化，引入了新的知识表达形式。与传统知识图谱不同，知识超图强调多维关联，包括更复杂的关系和属性，能更准确地呈现现实世界的复杂知识关系。此外，知识超图仍在持续发展，不断探索更智能的表示方法和推理技术，为知识的存储和应用带来新面貌，也推动着人工智能领域的创新发展。

1.2.2 早期知识库

早期知识库通常由相关领域专家人工构建，准确率和利用价值高，但存在构建过程复杂、需要领域专家参与、资源消耗大、覆盖范围小等局限。典型的早期知识库包含CYC(encyclopedia)、WordNet、ConceptNet等。

CYC项目开始于1984年，最初目标是建立人类最大的常识知识库，将上百万条知识编码成机器可用的形式。截至 2017 年，CYC 已包含约 150 万条人类定义的断言，涉及416000 个概念和 42500 个谓词。大部分以知识工程为基础，且大部分事实是手动添加到知识库上的。CYC 主要由两部分构成，第一部分是作为数据载体的多语境知识库，第二部分是系统本身的推理引擎。例如，通过"每棵树都是植物"和"植物最终都会死亡"的知识，推理引擎可以推断出"树会死亡"的结论。时至 2023 年，CYC 仍在医疗领域发挥重要作用，在急性诊疗方案的制定上为医疗工作者提供重要的参考。

WordNet 是一个覆盖范围广的英语词汇语义网，是由普林斯顿大学认知科学实验室从1985 年开始开发的词典知识库，主要用于词义消歧。WordNet 主要定义了名词、动词、形容词和副词之间的语义关系，每个同义词集合都代表一个基本的语义概念，并且这些集合由各种关系连接。如名词之间的上下位关系中，"犬科动物"是"狗"的上位词。在1995 年发布的版本中，WordNet 包含超过 15 万个词和 20 万个语义关系。WordNet 至今依然在自然语言处理中有重要的应用，如文本分类、信息检索、机器翻译等。

ConceptNet 是一个利用众包构建的常识知识图谱，源于麻省理工学院媒体实验室在1999 年创立的 OMCS(Open Mind Common Sense)项目。ConceptNet 支持超过 80 种语言，采用了非形式化、类似自然语言的描述，侧重词与词之间的关系，例如，"企鹅是一种鸟""企鹅出现在动物园""企鹅想要有足够的食物"等。在 2017 年发布的 ConceptNet5.5 中，已经包含超过 800 万个节点，超过 2100 万条关系。截至 2023 年，ConceptNet 仍处于维护和更新中，并被广泛地使用于各种自然语言处理任务中。

1.2.3 开放知识图谱

开放知识图谱类似开源社区的数据仓库，允许任何人在遵循开源协议和开放性原则的前提下进行自由的访问、使用、修改和共享，典型代表为 DBpedia、Freebase、Wikidata 等。

DBpedia 是一项从维基百科里萃取结构化内容的项目，该项目一开始是柏林自由大学及莱比锡大学的人士所开启的，并与开放链接软件(Open Linked Software)同盟进行合作。DBpedia 广纳了人类知识不同领域的资料，这使得它自然而然地成为链接众多资料集的枢纽,让外部资料集能够链接到相关的概念。此外,DBpedia 还和 Freebase、OpenCYC、Bio2RDF 等多个数据库建立了数据链接。截至 2023 年初,DBpedia 包含超过 8.5 亿条事实三元组。DBpedia 目前仍是规模最大、最具有代表性的开放链接数据库之一,且仍在不断更新中。

Freebase 是一个优质的巨大通用知识图谱资源库,主要由社区成员提供,旨在建立一个开放性的全球资源,可更方便地获取信息,由美国 MetaWeb 软件公司从 2005 年开始研发,于 2007 年 3 月公开发布,并于 2010 年被谷歌(Google)公司收购。Freebase 作为 Google 知识图谱的数据来源之一,包含多种话题和类型的知识,如人类、媒体、地理位置等信息。Freebase 基于 RDF 三元组模型,底层采用图数据库存储,包含节点集合及描述节点相互联系的链接构成的关系集合。截至 2014 年,Freebase 包含约 4400 万个话题及 24 亿条相关的事实,Freebase 可以在单个元素之间模拟比传统数据库更复杂的关系。在谷歌公司发布新的知识图谱接口后,Freebase 于 2016 年 5 月被关停,但 Freebase 的技术及大量的数据为谷歌公司新知识图谱的问世提供了重要的基础。

Wikidata 是一个开放、多语言的大规模链接知识库,由维基百科从 2012 年开始研发。Wikidata 是一个面向文档的知识库,其基本单位是条目(item),一个条目可以代表任意实体(如话题、概念、物体等),每一个条目都具有唯一的标识符。Wikidata 以三元组的形式存储知识条目,其中,每个三元组代表一个条目的陈述,例如,"北京"的条目描述为"<北京,首都,中国>"。截至 2023 年,Wikidata 已拥有超过 1 亿个条目,且仍在不断维护和增长中。

1.2.4 中文知识图谱

与英文百科数据相比,中文百科数据结构更为多样,语义内涵更为丰富,但包含的结构化、半结构化数据有限,为知识图谱的构造提出了更大的挑战。OpenKG 是 2015 年由中国中文信息学会倡导的中文领域知识图谱社区项目,主要用来促进中文领域知识图谱数据的开放与互联,近期的主要工作包括 OpenKG.CN 开放图谱资源库、cnSchema 中文开放图谱 Schema、OpenBASE 开放知识图谱众包平台等。其中,OpenKG.CN 聚集了很多开放的中文知识图谱数据、工具及文献资源;cnSchema 是由 OpenKG 推动和完成的开放知识图谱 Schema 标准,定义了中文领域开放知识图谱的基本类、术语、属性和关系等本体层概念,以支持知识图谱数据的通用性、复用性和流动性;OpenBASE 是由 OpenKG 实现的开放知识图谱众包平台,主要以中文为中心,更加突出机器学习与众包的协同,将自动化的知识抽取、挖掘、更新、融合与群智协作的知识编辑、众包审核和专家验收等结合起来。

近年来,中文知识图谱构建受到广泛的关注,涌现出包括 Zhishi.me、CN-DBpedia、OwnThink 在内的众多中文常识知识图谱。

Zhishi.me 创建于 2016 年,采用与 DBpedia 类似的方法,从百度百科、互动百科和维基百科中提取结构化知识,并通过固定的规则将它们之间的等价实体链接起来。Zhishi.me 在 2021 年 11 月最后一次更新后包含超过 1000 万个实体和 1.25 亿个三元组。目前,Zhishi.me 已经停止维护。

CN-DBpedia 是一个大规模的中文通用知识图谱，由复旦大学于 2015 年开始研发。CN-DBpedia 主要从中文百科类网站(如百度百科、互动百科、中文维基百科等)中提取信息，并且对提取的知识进行整合、补充和纠正，极大地提高了知识图谱的质量。CN-DBpedia 在 2018 年 3 月的最近一次更新后，包含超过 900 万个实体和超过 6700 万个三元组。目前 CN-DBpedia 仍在运行，基于 CN-DBpedia 的知识图谱构建与应用能力，已经输出并应用在华为技术有限公司、中国电信集团有限公司、中国移动通信集团公司等企业的产品与解决方案中。

OwnThink 是目前最大的中文常识知识图谱之一，目前已经对以人物、地名等为核心的 2500 万个实体进行了融合，实体属性关系规模达到亿级。OwnThink 对外提供免费的 HTTP 接口，用于获取知识图谱中的知识，用户输入实体信息，系统自动进行消歧处理并返回实体的全部关联知识。截至 2023 年，OwnThink 是史上最大规模的中文知识图谱，且仍在不断更新中。

1.2.5 领域知识图谱

领域知识图谱面向军事、医疗、金融等特定领域，用于复杂的应用分析或辅助决策，具有专家参与度高、知识结构复杂、知识质量要求高、知识粒度细等显著特点。

在军事领域，领域知识图谱有着广泛的应用，如链接作战部队、指挥系统、武器平台等各类作战要素，消除各军兵种不同业务领域间的信息隔阂，提供军事知识的采集、存储、表示、查询、计算和应用等，支持作战指挥、战略规划、态势感知、教育训练等场景，提高部队的信息化水平和作战能力。军事知识图谱具有互联网数据、传统数据库、军事书籍、暗网数据等多种数据来源，可将知识按军事事件类型和实体类型进行划分，包括全球主要国家和六大作战空间的武器装备数据及军事本体类别。

在医疗领域，知识图谱为医疗信息系统中海量、异构、动态的医疗大数据的表达、组织、管理及利用提供了一种更为有效的方式，使系统的智能化水平更高，更加接近于人类的认知思维。目前医学知识图谱技术主要用于临床决策支持系统、医疗智能语义搜索引擎、医疗问答系统、慢病管理系统等。例如，Watson Health 医疗知识图谱主要面向肿瘤和癌症领域的决策支持，基于巨大的知识库并使用自然语言、假设生成和基于证据的学习能力为临床决策支持系统提供帮助，供医学专业人员参考。

在金融领域，知识图谱的应用仍处于起步阶段，主要应用包括反欺诈、失联客户管理、精准营销、智能搜索和可视化、问答交互等。目前，大多金融机构对于数据的应用处于从信息到知识的阶段，而知识图谱突破了现有的关系型数据库的限制，从信息中发掘和构建深度的关联，使得信息知识化，可以提供更加智慧的决策支持。例如，中国工商银行早于 2018 年初就运用知识图谱技术，打造出安全可控、功能完备的企业级知识图谱平台，沉淀企业级金融知识图谱数据资产，并将该平台广泛地应用于客户服务、风险防控、产品创新等各业务领域，在获客增收、风险防控、降本增效等方面取得了良好成效。

除此之外，领域知识图谱在公安、交通、教育、法律、旅游、电商等众多领域也有着十分广泛的应用。

1.3　研究方向及热点

知识图谱及其相关技术是当前研究的热门方向，主要包括知识表示学习、知识获取与融合、知识推理及知识应用四个方面，本节将分别介绍这四个方面的任务内涵及研究现状。

1.3.1　知识表示学习

知识表示学习通过机器学习的方法对原始数据提炼出相应的机器表示，通常是指自动学习数据的特征，利用信息技术将真实世界中的海量信息转化为符合计算机处理模式的结构化数据。在知识图谱中，通过对大规模知识图谱及原始文本数据的学习与训练，能够获得知识在低维稠密空间的分布向量表示，不但可以反映知识之间的语义关系，而且更加有利于知识的计算。如图 1.4 所示，可以将实体"某 R 型无人机""诺思罗普·格鲁曼公司""某 M 型无人机""通用原子航空系统公司"分别映射为低维表示空间中的 A、B、C、D 点，将关系"生产厂家"映射为低维向量 α。

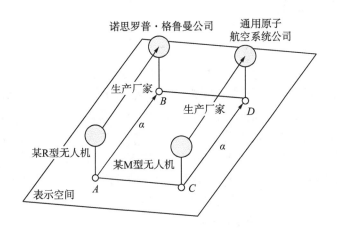

图 1.4　知识表示学习原理实例

早期的知识表示方法有一阶逻辑（first-order logic，FOL）、霍恩逻辑（Horn logic，HL）、产生式规则（production rule，PR）等。随着互联网的发展和语义网的提出，需要用于面向语义网知识表示的标准语言。因此，万维网联盟（World Wide Web Consortium，W3C）提出了可扩展标记语言（extensible markup language，XML）、RDF、资源描述框架模式（RDF schema，RDFS）和 Web 本体语言（Web ontology language）。

近年来，基于深度学习的知识表示学习（knowledge representation learning，KRL）在语音识别、图像分析和自然语言处理领域得到广泛的关注，可以大致分为基于几何变换的表示学习和基于神经网络的表示学习。

基于几何变换的表示学习方法把知识图谱中的实体和关系映射到高维几何空间中，并利用几何变换构建不同实体和关系之间的映射，保持知识图谱在图结构和几何空间上意义的一致性，学习对应实体和关系的嵌入表示。该类中具有代表性的方法包括采用简单平移变换的 TransE、融入投影变换的 TransH、采用旋转变换的 TransR 等。通过引入更为复杂的几何变换，可以提升模型的表达能力，提升表示学习的效果。

基于神经网络的表示学习方法是通过构建深度神经网络，拟合知识图谱的复杂图结构信息，进而学习实体和关系的嵌入表示。该类方法主要通过构建关系三元组的评分网络，用于度量头、尾实体及关系类型的互相关性。具有代表性的方法如 TATEC 和 DistMult，采用了简单网络架构设计评分网络，HolE 引入了卷积网络结构，而语义匹配能量(semantic matching energy，SME)模型利用浅层复杂神经架构来拟合知识图谱的语义，进一步提升模型的拟合能力。

除此之外，笔者也在知识图谱表示学习领域做出了一定的贡献，提出了邻域可区分性增强的表示学习方法[1]、自监督的属性图表示学习方法[2]，以及辅助目标检测和图像识别的知识表示学习技术[3]等。

知识表示学习能够显著地提升计算效率，有效地缓解数据稀疏问题，实现异质信息融合，对知识库的构建、推理和应用具有重要的意义，是当前研究的热点之一。

1.3.2　知识获取与融合

知识获取是指将知识从非结构化、半结构化的数据中提取出来，包括命名实体识别(named entity recognition，NER)、命名实体的链接与关系的抽取。

实体识别是自然语言处理和知识图谱领域的基础任务，其目的是从海量的原始数据(如文本)中准确地提取人物、地点、组织等命名实体信息。实体是客观世界的事物，是构成知识图谱的基本单位，实体识别的准确率影响了后续的关系抽取(relation retraction，RE)等任务，决定了知识图谱构建的质量。早期的实体识别方法一般是基于规则的方法和基于统计模型的方法，随着知识图谱规模的增大，规则构建困难，搜索空间庞大，训练时间长，难以进行大规模扩展并应用于不同领域的知识图谱。因此，基于神经网络的实体识别已成为目前主流的方法，卷积神经网络(convolutional neural network，CNN)和长短时记忆网络等在实体识别领域有着广泛的应用。

实体链接的目标是将每个自然语言文本中的提及与知识库中所对应的实体匹配，如果知识库中某一提及没有对应的实体项，那么认为该提及不可链接到当前知识库。因为自然语言中经常存在一词多义、多词一义和别名的现象，所以在命名实体识别中所识别的提及往往不能确定地指向知识图谱中的实体，因此实体链接的过程实际上是一个消歧的过程。通过对上下文及各种外部资源(如百科字典等)的整合，确定当前提及所代表的真实实体，一方面，可以正确地理解自然语言，另一方面，丰富了知识库中实体的文本信息，可以对知识库中缺少的实体进行补充，完备知识库和优化用户阅读体验。

关系抽取是通过获取实体之间的某种语义关系或关系的类别，自动识别实体对及其关系，并构成知识三元组的过程。这一对实体的关系所构成的三元组。传统的命名实体关系抽取方法需要人工干预(如设计规则或特征空间)，这往往会带来误差累积传播问题，极大地影响实体关系的抽取性能。近年来，基于深度学习的命名实体关系抽取方法能自动学习句子中的深层语义，并容易实现端到端的抽取，已逐渐占据主导地位，主要包括基于卷积神经网络、基于循环神经网络、基于注意力机制、基于图卷积网络、基于对抗训练、基于强化学习的关系抽取及基于实体-关系联合抽取等方法。

知识融合是将多源异构的知识进行融合，构建一个全面、准确、可靠的知识图谱。知识来源广泛，不同知识源之间存在知识重复、层次结构缺失、知识质量良莠不齐等问题，从而导致知识异构，无法实现高效的信息交互。知识融合能建立异构本体或异构实体之间的联系，从而使异构的知识图谱能相互沟通，实现互操作。当前知识融合方法主要包含基于相似度的本体匹配、基于结构特征的本体匹配、基于表示学习的实体对齐、基于无监督的实体对齐等。

1.3.3　知识推理

知识推理是针对知识图谱中已有事实或关系的不完备性，挖掘或推断出未知或隐含的语义关系。如图 1.5 所示，如果想知道某 R 型无人机的发动机型号，而知识库中没有存储这一信息，可以通过知识推理技术来寻求该问题的答案，在知识图谱中发现某 R 型无人机的各项属性，以及同为诺思罗普·格鲁曼公司生产的另一个无人机型号——某 M 型无人机，通过关联分析、路径挖掘等手段推理出某 R 型无人机采用了和某 M 型无人机相同的发动机型号——劳斯莱斯 AE 3007。知识推理在整个知识图谱理论与技术框架中占据着十分重要的地位，是知识图谱研究的一大重点和难点，在实际工程中也有非常广泛的应用场景。一般而言，知识推理的对象可以为实体、关系和知识图谱的结构等。知识推理主要有逻辑规则、嵌入表示和神经网络三类方法，各类方法又可以根据技术类型作进一步细分。

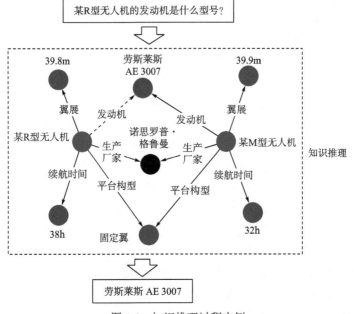

图 1.5　知识推理过程实例

基于逻辑规则的推理是指通过在知识图谱上运用简单规则及特征，推理得到新的事实，该方法能够很好地利用知识的符号性，准确性高且能为推理结果提供显式的解释。根据推理过程中所关注的特征不同，又可以将基于逻辑规则的知识图谱推理方法分为基于逻辑的推理、基于统计的推理及基于图结构的推理。

基于嵌入表示的推理是指通过将图结构中隐含的关联信息映射到低维空间，使得原本难以发现的关联关系变得显而易见，并在嵌入空间中完成知识推理的过程。基于嵌入表示的推理是知识图谱推理技术的重要组成部分，可以进一步细分为张量分解模型、距离模型和语义匹配模型。

基于神经网络的推理充分地利用了神经网络对非线性复杂关系的建模能力，能够深入地学习图谱结构特征和语义特征，实现对图谱缺失关系的有效预测。一般地，应用于知识图谱推理的神经网络方法主要包括卷积神经网络方法、循环神经网络方法、图神经网络 (graph neural network，GNN) 方法、深度学习方法等。

1.3.4　知识应用

随着知识图谱的广度与深度的逐步扩大，知识图谱在语义搜索、内容生成、自然语言问答、智能推荐、推理决策等各个领域都得到了广泛的应用。

语义搜索是指搜索引擎利用知识图谱，根据用户的查询返回更加准确的答案。早期的搜索引擎采用简单的分类目录和文本检索方法，不能准确地理解用户的需求，信息之间缺乏关联关系，导致搜索结果质量较差。Google 率先将知识图谱用于智能搜索，通过知识图谱理解用户的查询意图和网页的语义，提高搜索的准确性和相关性，发现实体之间的关系，帮助用户快速地找到所需的信息。

例如，如果要查询某 R 型无人机的相关信息 (图 1.6)，那么返回结果就会以 Infobox (图 1.6 右侧所示) 的形式准确地呈现该无人机各个维度的信息，而不再需要用户从上下文中寻找，从而大大地提升了搜索效率，提高了用户的搜索体验。

内容生成包括自然语言生成、图像生成、音视频生成等，是指以知识库中的机器表述系统为基础生成目标内容。传统的基于深度学习的内容生成模型 (如序列到序列模型) 缺乏常识性的知识背景，经常生成违反常识、不合逻辑、重复无意义的自然语言或音视频内容，造成生成内容的可用性较差。因此，引入常识知识是提升内容生成效果的重要手段，因为常识知识图谱中包含了全社会共享的常识背景知识集合，理解和应用这些知识可以使得生成的目标内容符合人类的常识逻辑，提升生成内容的质量。常见的内容生成技术主要包括文本生成、图像生成、音视频生成和其他内容生成。图 1.7 为不同类型的内容生成模型。

自然语言问答 (即常见的知识问答) 特指利用知识库或其他信息源，回答用户用自然语言叙述的问题。考虑到基于知识图谱推理的大部分任务可以理解为广义上的知识问答，为了避免概念混淆，本书余下内容中以自然语言问答统一表示针对自然语言问题进行回答的知识图谱相关模型与算法。基于知识图谱的自然语言问答相比传统的问答系统在效果上具有显著的优势，知识图谱以结构化的方式存储了丰富的语义信息，包括实体、属性、关系等，可以更准确地理解用户的问题和意图，可以通过知识推理技术回答更为复杂的问题，提高问答的效率和质量，并提供更全面和多样的答案。OpenAI 公司搭建的智能聊天机器人 ChatGPT 即是典型的自动问答应用，可以通过对用户的问题进行语义解析来构建上下

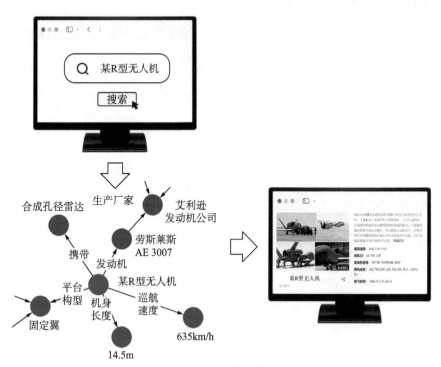

图 1.6　语义搜索实例

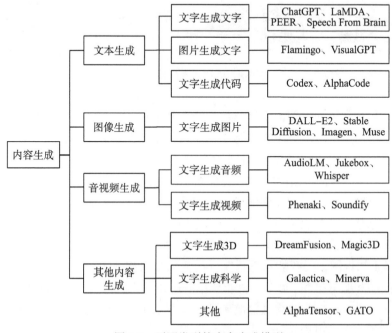

图 1.7　不同类型的内容生成模型

文的语义环境，利用知识库进行查询、推理并获取答案。如图 1.8 所示，对自动问答机器人提问"某 R 型无人机是什么？"系统会首先对问题进行语义解析，理解诉求，然后从知识库中发现关联知识，通过答案生成模型输出答案。

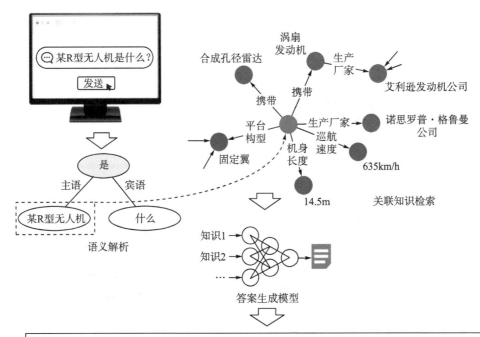

图 1.8   自然语言问答实例

智能推荐是指利用知识图谱中存储的用户和物品的关联知识，实现更加准确的个性化推荐。推荐系统已经广泛地应用在实际生活中的很多场景，特别是围绕个性化推荐系统，已经有大量的研究工作和应用实践。但是智能推荐仍然面临着一些问题，例如，数据稀疏、冷启动等问题。基于知识图谱的推荐系统把知识图谱作为辅助信息整合到推荐系统中，可以将物品及其属性信息映射到知识图谱中，以理解物品之间的相互关系。此外，还可以将用户的相关信息整合到知识图谱中，更准确地捕捉用户和物品之间的关系及用户的偏好，提高推荐系统的准确性，同时能够为推荐系统提供可解释性。

目前，基于知识图谱的智能推荐系统已被各大公司相继采用或研发，以便为用户提供更加准确的商品和服务推荐。此外，智能推荐可用在无人机能力的自适应推荐上(图 1.9)，给定任务输入，从中提取关键信息并链接到知识图谱中，通过关联知识发现与推理，得到推荐的适合任务的无人机型号。

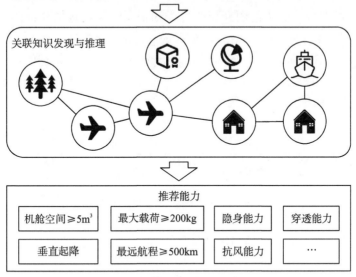

图 1.9　智能推荐实例

推理决策是指以知识图谱中的背景知识为支撑，利用知识推理技术，为决策过程提供支撑。传统的决策支持系统存在一定的局限性，大多数为基于规则的决策支持。例如，专家系统，其决策依赖专家制定的业务逻辑规则，灵活性较弱，适应性不足，知识协同和相关性较差。通过引入知识图谱及知识推理技术，智能算法具备接近人类的认知能力，模拟人的思维方式和知识结构进行"思考"，提升决策过程的可靠性。例如，在医疗领域，Watson Health 系统使用了知识图谱进行临床领域的决策支持，有效地提升了医疗决策的效率和准确率。推理决策也可以用于无人机的任务规划，如图 1.10 所示，无人机 A 需要对着火目标进行定点扑救，在发现目标后可以选择四个策略，即巡航、喷洒、投放、返航，通过知识推理系统，对上述四个候选策略进行综合评估，进而选取收益较高的策略"投放"。

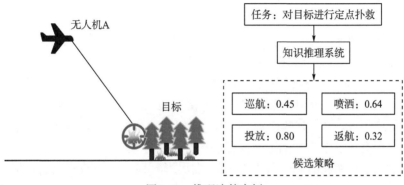

图 1.10　推理决策实例

1.4 其他类型知识图谱

知识图谱种类丰富，除了前面介绍的各类知识图谱，还包括与或图(and-or graph，AOG)、常识知识图谱(common sense knowledge graph，CSKG)、时序知识图谱(temporal knowledge graph，TKG)、事理图谱(event logic graph，ELG)、五元知识库(multi-dimensional data association and intelligent analysis，MDATA)等。本节将按照它们出现的时间顺序(图 1.11)对这几种知识图谱进行简要的介绍。

图 1.11　其他类型知识图谱出现时间图

表 1.1 为其他类型知识图谱的用途及优势。

表 1.1　其他类型知识图谱的用途及优势

知识图谱类型	用途及优势
与或图	可以较好地反映节点之间的层次逻辑关系，实现对目标问题的归约和拆解，有利于构建复杂问题的解决方案
常识知识图谱	知识体量大，涵盖面广，差异性大，可以为智能算法提供基础的知识体系，使得机器的智能运作方式接近人类的思维
时序知识图谱	引入时间信息编码实体和关系的动态演化，捕获知识图谱中的时间信息和现实世界事实的动态性质，缓解语义相似关系的混淆问题
事理图谱	将事件作为研究对象，编码事件之间的逻辑关联，可以为揭示和发现事件演化规律与人们的行为模式提供强有力的支持
五元知识库（MDATA）	添加对事实的时空约束，提升对知识动态变化过程的表征能力，采用多层次知识子图结构，改进传统知识图谱设计

1.4.1　与或图

与或图是一种用来表示问题归约的结构图，它由与节点和或节点组成。与节点表示问题可以分解为若干个必须同时解决的子问题，或节点表示问题可以转化为若干个等价的子问题。与或图系统地将问题分解为互相独立的小问题，把问题归约为后继问题的替换集合，然后分而解决。与或图可以用于表示问题的解决方案，这些问题可以通过将它们分解为一组较小的问题来解决。这种分解或归约生成与边，而一个与边可以指向任意数量的后继节点，必须解决所有后继节点才能形成问题的一个解决方案。

与或图的层次化结构有利于节点之间的层次逻辑关系，可以将复杂的目标问题拆解为一系列简单子问题，实现目标的归约和拆解，较常用于构建复杂问题的解决方案，因此可用于复杂任务场景的辅助决策。与或图实例如图 1.12 所示，无人机在执行"对目标进行定点扑救"这项任务的过程中，在完成"扑救"这一决策后，可以利用与或图构建达成这一目标的解决方案。图中的弧线表示与关系，由与关系连接的多个动作构成一组策略，而没有弧线连接的部分之间形成或关系，表示多组策略之间的并列关系。可以采取的一种策略是瞄准大面积着火处，并投放灭火弹进行灭火；另一种策略是瞄准局部着火点，并使用高压水枪精准喷洒灭火。无人机需要根据实际情况，选择合适的策略。

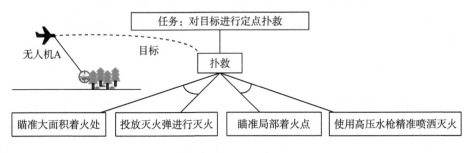

图 1.12　与或图实例

1.4.2　常识知识图谱

常识知识图谱存储大量常识类的知识，为对话问答、机器智能化等下游任务提供丰富的背景知识。常识知识图谱涵盖的知识差异很大，涵盖程序性的、概念性的和句法结构的知识等。与传统知识图谱相比，常识知识图谱的形式更为多样，除了(半)结构化的常识知识图谱(如 ConceptNet、ATOMIC 和 FrameNet 等)，近来自然语言模型也逐渐成为常识知识图谱的重要部分。常识知识图谱对传统的知识图谱集成方法进行了一定程度的扩展，通过对海量常识知识进行整合和表示，为各种各样的下游任务提供知识支撑。

常识知识图谱涵盖面极为广阔，涵盖了日常生活、社会、文化、科学等多个领域的常识，在实际的应用场景中提供基础的背景知识。如图 1.13 所示，常识知识图谱可能包含一些非常显而易见的常识，如"无人机没有驾驶员""无人机属于飞机""drone 是无人机的同义词"等。这些知识虽然对人类来说属于常识，但通常机器不具备这些背景知识，因此，常识知识图谱提供的这些知识有利于下游任务模型掌握人类的思维方式，使其行为更合理。

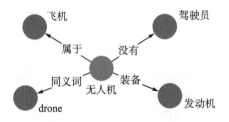

图 1.13　常识知识图谱实例

1.4.3　时序知识图谱

　　目前大多数知识图谱是根据非实时的静态数据构建的,没有考虑实体和关系的时间特性。然而,社交网络传播、军事态势演进、金融贸易网络等应用场景的数据具有实时动态的特点及复杂的时间特性,如何利用时序数据构建知识图谱并且对该知识图谱进行有效的建模是一个具有挑战性的问题。当前,有许多研究工作利用时序数据中的时间信息来丰富知识图谱的特征,赋予知识图谱动态特征,Jiang 等[4]于 2016 年首次提出时序知识图谱,时序知识图谱是关系上带有时间戳信息的多关系有向知识图谱,将事实三元组拓展为<头实体, 关系, 尾实体, 时间>的四元组表示。

　　时序知识图谱引入时间信息编码实体和关系的动态演化,捕获知识图谱中存在的时间信息和现实世界事实的动态性质,为动态变化的任务场景建模提供了有力的手段。如图 1.14 所示,该时序知识图谱记录了某 R 型无人机在三个年份中所参与的事件,其于 1998年执行了首次飞行,于 2001 年参与了 A 国军演并完成了飞越太平洋的任务。在 2007 年,某 R 型无人机在 A 国 B 市山火爆发期间参与了火情的拍摄工作,同年,两架某 R 型无人机被移交给 A 国航天机构。图 1.14 清晰地反映了某 R 型无人机这一实体的动态演化过程,为关联事件的时序预测提供了基础。

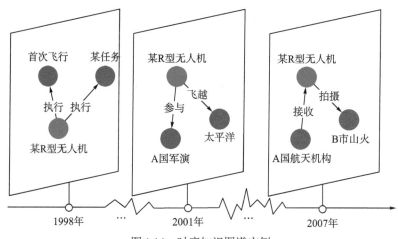

图 1.14　时序知识图谱实例

1.4.4　事理图谱

　　事件是人类社会的核心概念之一,人们的社会活动往往是事件驱动的。事件之间在时间维度上相继发生的演化规律和模式是一种十分有价值的知识,挖掘这种事理逻辑知识对认识人类行为和社会发展变化规律非常有意义。然而,传统知识图谱的研究对象主体不是事件。事理图谱是一个事理逻辑知识库,最早于 2018 年提出,描述了事件之间的演化规律和模式[5]。在结构上,事理图谱是一个有向有环图,其中,节点代表事件,有向边代表事件之间的顺承、因果、条件和上下位等事理逻辑关系。在事理图谱中,事件表示为抽象但语义完整的事件三元组 $E = \langle S, P, O \rangle$，其中，$P$ 是动作(即触发词，如发射)，S 是参与者，O 是执行动作的对象。事理图谱有广阔的应用前景，可以应用于故事理解、事件预测、常识推理、意图挖掘、对话生成、问答系统、辅助决策系统等人工智能任务。

如图 1.15 所示，无人机执行任务的前期过程可以用事理图谱表示，图中呈现了无人机执行巡查和救援两类任务前期的事理逻辑，无人机起飞之后会根据需求决定是否携带装备(通常执行救援任务时无人机会携带救援装备)，然后开始直线飞行直至到达任务区域，此时无人机需要根据任务的类型调整飞行航线(巡查航线、救援航线等)，再正式开始执行具体任务。

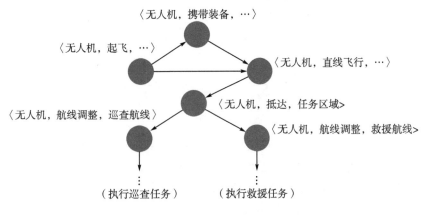

图 1.15　事理图谱实例

1.4.5　五元知识库

现实中，许多知识或事实的成立通常会受到时间和空间两个维度的约束，例如，"拜登是总统"这一事实仅在其在任期间，以及其所属国家这一空间区域内成立。传统的知识图谱通常将时空特征当作普通属性来处理，只关注实体本身的时空信息，而无法较好地表示事件的时空演化特性。研究人员于 2021 年提出了 MDATA[6]模型并对传统知识图谱进行了扩展，在传统三元组的基础上添加了时空约束，将事实表示为五元组的形式，即<头实体，关系，尾实体，时间，空间>，提升了知识图谱表达动态知识的能力，允许定义三种类型的约束，即时间约束、空间约束和时空约束(时间和空间需同时满足约束条件)，在实际应用中根据具体情况选取其中一种即可。除此之外，MDATA 模型还定义了多层次的知识子图结构，通过融合时空约束、关系节点、主要实体和次要实体等元素，改进了传统知识图谱的设计。

图 1.16 是一个 MDATA 模型的实例图，其中，包含了两个主要实体(即"某 R 型无人机"和"A 国空军")和一个次要实体(即"某 R 型无人机"的"最高速度"属性值为"635km/h")，两个主要实体之间的"服役"关系用一个关系节点表示，该关系节点包含一定的时空约束，表示某 R 型无人机从 1999 年开始服役，预计 2027 年退役，服役地点为A 国。

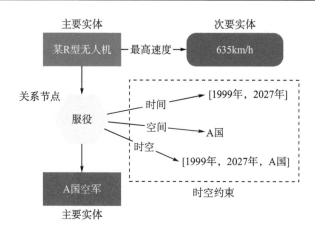

图 1.16　MDATA 模型的实例图

1.5　本 章 小 结

　　本章从基本概念与内涵的角度简要介绍了知识图谱这一引人瞩目的研究领域。知识图谱不仅仅是简单的知识库，它更加强调知识之间的语义关联和上下文信息，它作为一种先进的知识表示与存储方式，为构建人工智能系统提供了重要的支撑。

　　本书涉及的知识图谱、知识超图、知识推理等概念及场景，将以无人机及其典型任务为例贯穿。通过本章的介绍，想必读者对知识图谱的重要性和多样性有了更深入的认识。在接下来的内容中，本书将进一步探讨知识图谱的理论、技术、案例及未来发展。

参 考 文 献

[1] Zhou X, Hui B, Zhang L Z, et al. A structure distinguishable graph attention network for knowledge base completion[J]. Neural Computing and Applications, 2021, 33(23): 16005-16017.

[2] Liu C, Wen L, Kang Z, et al. Self-supervised consensus representation learning for attributed graph[C]. Proceedings of the 29th ACM International Conference on Multimedia, Chengdu, 2021: 2654-2662.

[3] Lu G, Tian L, Zheng X, et al. Integrating knowledge-based sparse representation for image detection[J]. Neurocomputing, 2021, 442: 173-183.

[4] Jiang T, Liu T, Ge T, et al. Encoding temporal information for time-aware link prediction[C]. Proceedings of the 2016 Conference on Empirical Methods in Natural Language Processing, Austin, 2016: 2350-2354.

[5] Li Z, Ding X, Liu T. Constructing narrative event evolutionary graph for script event prediction[C]. Proceedings of the 27th International Joint Conference on Artificial Intelligence, Stockholm, 2018: 4201-4207.

[6] Jia Y, Gu Z Q, Li A P. MDATA: A New Knowledge Representation Model: Theory, Methods and Applications[M]. Cham: Springer, 2021.

第 2 章 知识超图模型与构建

第 1 章探讨了知识图谱在知识表示和语义关系建模等方面的重要价值,本章将介绍一个更加广阔而富有挑战性的概念——知识超图。

知识超图是一种图结构的知识库,通常以多元组的形式存储现实世界的事实,可以视为知识图谱的泛化。与传统知识图谱相比,知识超图不仅可以描述实体之间的二元关系,还可以描述多个实体之间的高阶关系和复杂语义连接。

2.1 知识超图模型

本节首先引入知识超图基本概念;其次,介绍知识超图架构,具体可以分为模式层和数据层;最后,介绍知识超图模式设计,针对现有知识超图存在的问题,提出知识超图三层架构,并对每一层进行详细的定义;最后,结合推理模型和推理空间,分析知识超图推理复杂度。

2.1.1 知识超图基本概念

超图和图都是用来描述对象之间关系的数学模型。它们的主要区别在于连接顶点的方式有所不同,超图允许边可以连接多个顶点,而图只能连接两个顶点,如图 2.1 所示。

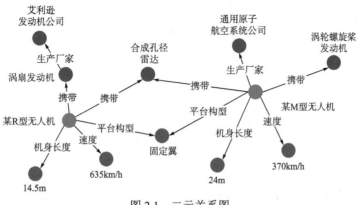

图 2.1 二元关系图

具体来说,一个图由一组顶点和一组边组成。边连接的是两个顶点,表示它们之间有一种关系。图是一种高效的关系表达结构,广泛地应用于成对关系的建模中,例如,在无人机应用场景中，"某 R 型无人机""合成孔径雷达""涡扇发动机"等表示顶点，如果两个顶点"某 R 型无人机"和"合成孔径雷达"之间有"携带"关系，那么它们之间就会有一条边连接。

　　超图则是一种广义上的图，这种图结构可以用一条边包含或连接任意数量的节点。如图 2.2 所示，在利用超图表示无人机信息时，顶点表示各个无人机参数，如果多个参数均属于某类型无人机，那么它们之间就可以通过一条超边连接。该条超边连接的不是两个顶点，而是多个顶点，即所有与这类型无人机相关的参数。例如，超边"某 R 型参数"连接"某 R 型无人机""涡扇发动机""合成孔径雷达"三个实体。

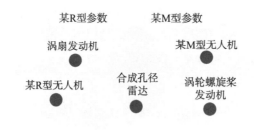

图 2.2　超图表示实例

　　图 2.3 以某 R 型无人机为例，列举了其知识图谱、时序知识图谱、事理图谱和知识超图的表示，可以从中看出几类表示的差异。

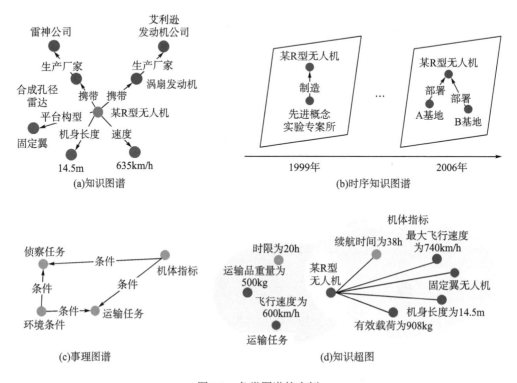

图 2.3　各类图谱的实例

知识图谱是揭示实体之间关系的语义网络，其中的关系是二元关系，即一个关系连接头尾两个实体。例如，关系事实"<某 R 型无人机，机身长度，14.5m>"描述了"某 R 型无人机"的性能参数。

在时序知识图谱中，关系只在该特定时间间隔或特定时间点是真实有效的，随着时间的推移，实体间关系可能发生变化。例如，关系事实"<先进概念实验专案所，制造，某 R 型无人机>"只在时间段"1999 年"为真，其后的"某 R 型无人机"都由"诺思罗普·格鲁曼公司"制造。

事理图谱以事件为实体节点，将静态的知识和动态的逻辑规则紧密相连，形成一个强大的逻辑网络。例如，"机体指标 $\xrightarrow{\text{条件}}$ 运输任务"表示了两个事件之间的因果关系。

知识超图是一种图结构知识库，以链接任意数量实体的超边关系形式，存储有关现实世界的事实。例如，事实"运输任务{某 R 型无人机，运输品重量为 500kg，时限为 20h，飞行速度为 600km/h}"表示多个实体的关联关系。值得注意的是，为了区别于"某 R 型参数"的其他属性实体，灰色节点"时限为 20h"表示超边的时序属性。

2.1.2　知识超图架构

知识超图可以看作知识图谱、时序知识图谱、事理图谱等的泛化形式，可以表示为 $H=(E,\mathcal{R})$，其中，$E=\{e_1,e_2,\cdots,e_n\}$ 表征一组实体集合，是知识超图中最基本的组成元素，指代客观存在并且能够相互区分的事物，可以是具体的人、事、物，也可以是抽象的概念。$\mathcal{R}=\{r_1,r_2,\cdots,r_m\}$ 是一组超边关系集合，超边关系 r 是知识超图中的边，表示不同实体间的某种联系。

不失一般性地，根据超边是否具备明显的动态特征，进一步将超边建模为：①事实超边；②事件超边。对于事实超边，该超边描述了静态事实，因此事实超边包含的实体类型固定，如图 2.4(a) 所示，"_位于_之间{上海，北京，广州}"刻画了三个地点之间的关系，并且实体之间的顺序固定。对于事件超边，该超边描述了动态事件，因此事件超边包含的实体类型不固定，实体间存在动态的关系。如图 2.4(b) 所示，超边"运输任务{某 R 型无人机，时限为 20h，飞行速度为 600km/h}"在新增了情报后，更新为"运输任务{某 R 型无人机，运输品重量为 500kg，时限为 20h，飞行速度为 600km/h}"，其中，灰色节点表示超边的时序属性。

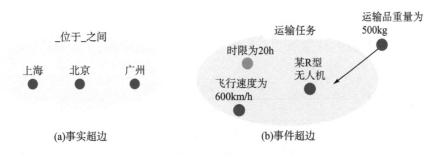

图 2.4　事实超边与事件超边的示意图

事实超边形式化表示为 $R\{type,lable,\{e_1,e_2,\cdots,e_n\},\{p_1,p_2,\cdots,p_m\},t\}$。其中，type 是超边类别，取值为 0 或 1，当 type = 0 时，表示事实超边；lable 是超边的标签，表示超边的语义，例如，"_位于_之间"；$\{e_1,e_2,\cdots,e_n\}$ 是实体集合，其中，$n \geqslant 2$，当 $n=2$ 时，超边与实体构成三元组，例如，"<北京，毗邻，天津>"，当 $n>2$ 时，超边与实体构成多元组，例如，"_位于_之间{上海，北京，广州}"；$\{p_1,p_2,\cdots,p_m\}$ 是约束集合，表示超边内实体的约束，包含顺序约束、值约束、关联约束等，例如，事实"上海位于北京和广州之间"，"上海""北京""广州"之间具有顺序约束；t 表示事实超边的时间或时刻属性，t 的取值区间是 $[t_1,t_2]$，当 $t_1=t_2$ 时，表示事实发生的时刻，当 $t_1<t_2$ 时，表示事实发生的持续时间。

事件超边形式化表示为 $R\{type,lable,\{tripletID_1,tripletID_2,\cdots,tripletID_m\},\{e_1,e_2,\cdots,e_n\},t\}$。其中，type 是超边类别，取值为 0 或 1，当 type = 1 时，表示事件超边；lable 是超边的标签，表示超边的语义，例如，"运输任务"；$\{tripletID_1,tripletID_2,\cdots,tripletID_m\}$ 是事件相关三元组集合，m 是动态变化的，刻画事件的动态属性，例如，通过新增任务要求"运输品重量为 500kg"，补充了"运输任务"事件的情报内容；$\{e_1,e_2,\cdots,e_n\}$ 是实体集合，当 $n=2$ 时，超边与实体构成三元组（即 $tripletID_m, m=1$），当 $n>2$ 时，超边与实体构成多元组，n 个实体通过超边进行关联，例如，"{某 R 型无人机，运输品重量为 500kg，时限为 20h，飞行速度为 600km/h}"。

特别地，为了刻画超边的时序信息，引入"时间"属性 $t_{duration}$ 和"时刻"属性 t_{timing}。"时间"属性表示超边在特定时间间隔内发生或有效，$t_{duration}$ 的取值是一个区间 $[t_1,t_2]$，表示事件发生的一段时间。如图 2.5 所示，"机体指标"超边的时间属性是"续航时间为 38h"。"时刻"属性表示超边在特定时刻发生或有效。例如，"领导人行程"超边的时刻属性是"2020 年 1 月 2 日"。值得注意的是，为了区别于"A 国 X 市"等其他实体，灰色节点"2020 年 1 月 2 日""续航时间为 38h"分别表示超边的时刻、时间属性。

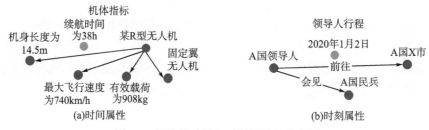

图 2.5　超边的时间和时刻属性的示意图

知识超图在逻辑结构层面可以分为模式层和数据层，如表 2.1 所示。

表 2.1　知识超图逻辑结构

逻辑结构层次	主要内容	实例
模式层	知识类的数据模型	概念及关系
数据层	具体的数据信息	事实多元组

模式层在数据层之上，是知识超图的核心。主要内容为知识类的数据模型，包括实体、关系、属性等知识类的层次结构和层级关系定义，约束数据层的具体知识形式。在复杂的知识超图中，一般通过额外添加规则或公理表示更复杂的知识约束关系。

数据层是以事实元组等知识为单位，存储具体的数据信息。在事实中，实体一般指特定的对象或事物，如具体的某型号无人机或某个参数等；关系表示实体间的某种外在联系，属性与属性值表示一个实体或概念特有的参数名和参数值。

2.1.3　知识超图模式设计

本节首先介绍现有的知识超图构建方法，并分析其存在的问题；其次，本节提出知识超图三层架构，为实现高效率的知识应用提供一个可行的技术方案。

现有的知识超图模型采用扁平化的方式组织概念与实例知识。基于前期知识图谱的实验研究，本节构建千万级领域知识图谱，发现扁平化结构在知识查询、更新、推理过程中，出现计算效率瓶颈的问题。如图 2.6 所示，在扁平化知识超图中，为了将"运输品重量为500kg"更新到现有知识超图中，需要计算目标实体与当前知识超图中所有实体的相似度，从而确定目标实体在超图中的位置，计算开销大。

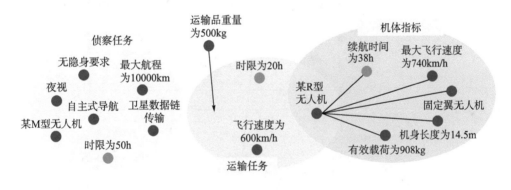

图 2.6　知识更新实例

为此，我们基于前期在知识超图领域的研究与实验验证，针对知识扁平化组织导致效率低下、逻辑不清的问题，提出一种高效的知识组织方案——知识超图三层架构[1]。如图 2.7 所示，三层架构综合利用了事件知识、概念知识、时间信息、超边的关联能力等，经过项目的实验验证，该架构相较传统的知识图谱能够高效地组织知识，提高知识应用的效率。

知识超图三层架构形式化表示为 $G = \{\text{EV}, C, I, R_G\}$，其中，$R_G = \{R_{(\text{EV},C)}, R_{(C,I)}\}$ 表示层与层之间的关系集合。第一层是事理层，由事理实体及其之间的逻辑关系组成，形式化表示为 $\text{EV} = \{E_{\text{EV}}, R_{\text{EV}}\}$，其中，$E_{\text{EV}}$ 表示事理实体集合，R_{EV} 表示事理节点之间的逻辑关系集合。事理关系集合主要包括条件、组成、顺承、因果等逻辑推理关系。第二层是概念层，由概念实体及连接任意数量概念实体的超边组成，形式化表示为 $C = \{E_C, R_C\}$，其中，E_C 表示概念实体集合，R_C 表示超边集合。第三层是实例层，由实例实体及超边组成，形式

化表示为 $I = \{E_I, R_I\}$，其中，E_I 表示实例实体集合，R_I 表示超边集合。

例如，为了推理出采用什么机型的无人机执行运输任务，首先将问题解析为查询图，分析该任务的两个约束条件"时限为 20h"和"500kg 物资"。然后，将查询图匹配到三层知识超图中。在三层架构中，通过层次之间的映射关系，例如，概念实体"平台构型"与实例实体"固定翼无人机"的映射，能实现知识的相互补充。最后，通过概念层和实例层的时空性表达，例如，超边"机体指标"的时间属性："续航时间为 38h"和超边"运输任务"的时间属性："时限为 20h"之间的包含关系，可以发现"机体指标"与"运输任务"之间的隐式关联。通过层次之间信息补充及时空性表达，能减小推理的查询空间，从而提高知识推理速度。

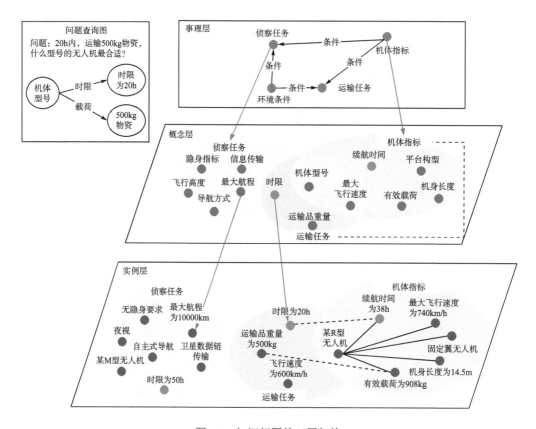

图 2.7　知识超图的三层架构

事理层中节点是具有一定抽象程度的泛化事件。事理层节点之间的边是逻辑推理关系，例如，"环境条件""机体指标"等是"运输任务"事件的条件，因此"机体指标"等与"运输任务"之间用"条件"边相连。

概念层实体是实例实体的抽象表示，表示为抽象的词，例如，"平台构型"。概念层实体之间还存在超边，例如，超边"运输任务{机体型号，运输品重量，时限，最大飞行速度}"关联多个概念实体，能清晰地表示多个概念实体之间的相关性。概念实体之间存在层次包含关系，如图 2.8 所示。

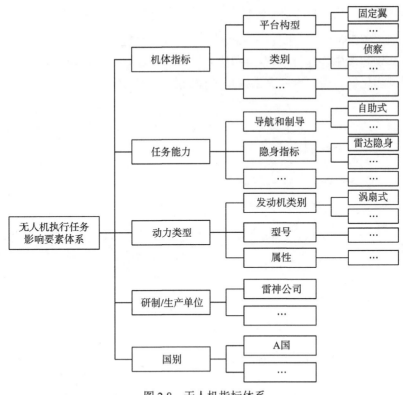

图 2.8　无人机指标体系

实例层实体是描述现实世界的具体个体表示，例如，"固定翼无人机"。实例层实体之间的边是超边，例如，超边"运输任务{某 R 型无人机，运输品重量为 500kg，时限为 20h，飞行速度为 600km/h}"关联多个实例实体。

事理层与概念层之间的跨层关系表示事理节点与概念层超边之间的关系，例如，事理层节点"运输任务"对应于概念层的超边"运输任务"。概念层与实例层之间的关系是概念实体与实例实体之间的映射关系，例如，概念层实体"平台构型"与实例层实体"固定翼无人机"之间是映射关系。

2.1.4　知识超图推理复杂度分析

知识超图推理复杂度分析有助于衡量推理的有效性和高效性，即在有限的计算资源和信息收集约束下推理出足够准确的结果。知识超图推理复杂度由推理模型与推理空间大小决定。

推理空间：事件通常涉及时间、地点、主体等多个要素，假设有 N 个事件类型，平均每个事件包含 β 个概念要素，每个事件类型有 α 个实例，共 αN 个事件实例。

推理模型：语义匹配模型利用了基于相似性的评分函数，通过匹配实体和关系的潜在语义来推理关系。作为典型的语义匹配模型，RESCAL 使用向量表示实体的潜在语义，并用基于关系的矩阵对这些潜在语义进行交互建模，具有 $O\left(|R|d^2+|E|d\right)$ 的空间复杂度，其

中 $|R|$ 表示关系数目，$|E|$ 表示实体数目，d 表示向量维度。

在传统知识图谱推理中，推理事件之间的关系需要通过匹配所有实体和关系的潜在语义。在三层知识超图中，通过层内-层间协同推理能够提取事件规律的隐藏特征，将事件关系的推理过程化繁为简。事件关系推理过程如图2.9所示。

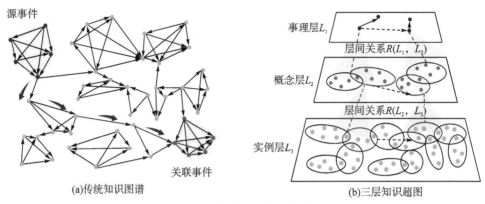

(a)传统知识图谱   (b)三层知识超图

图 2.9   事件关系推理过程

在知识图谱推理过程中，为了描述包含 β 个实体的事件，需要构造 $\binom{\beta}{2}$ 个二元关系。为了描述 αN 个事件实例之间的关系，共需要 $N+\beta\times N+\alpha\times\beta\times N$ 个实体，其中包含 N 个事件实体、$\beta\times N$ 个概念实体和 $\alpha\times\beta\times N$ 个实例实体；共需要 $\left((N+\alpha N)\times\binom{\beta}{2}\right)$ 条二元关系，其中包含 $N\times\binom{\beta}{2}$ 条概念二元关系，$\alpha N\times\binom{\beta}{2}$ 条实例二元关系。因此，知识图谱推理复杂度为 $O\left(\left((N+\alpha N)\times\binom{\beta}{2}\right)d^2+(N+\beta\times N+\alpha\times\beta\times N)d\right)$，其中 d 表示嵌入向量的维度。

在三层知识超图推理过程中，推理事件之间的关系只需通过实例层的隐含关联挖掘，通过跨层链接，就可以推导出事理层中事件间的关联关系。为了描述 αN 个事件实例，共需要 $\alpha\times\beta\times N$ 个实体，其中包含 $\alpha\times\beta\times N$ 个实例实体；共需要 $N+\alpha N$ 条超边关系，其中包含 N 条概念超边，αN 条实例超边。因此，三层知识超图推理复杂度为 $O\left((N+\alpha N)d^2+(\alpha\times\beta\times N)d\right)$。

在相同的推理模型下，三层知识超图通过层内-层间关联关系及超边，能减小推理的查询空间，从而提高知识推理速度。

2.2   知识抽取与挖掘

知识抽取与挖掘是知识超图构建的首要任务，通过自动化或半自动化的知识抽取技术，从原始数据中获得实体、关系、属性、事件等可用知识单元，为知识超图的构建提供知识来源。

2.2.1　实体识别

实体识别是自然语言处理和知识超图领域的基础任务，其目的是从海量的原始数据(如文本)中准确地提取人物、地点、组织等专有名词和有意义的时间、日期等数量短语并加以归类，如图 2.10 所示。实体识别是将非结构化数据转为结构化数据的重要技术手段，是计算机正确理解文本信息的关键步骤，实体识别的准确率影响后续的关系抽取等任务，决定了知识超图构建的质量。

实体类型：

　装备　　　机构　　　数值表达　　　地点

某R型无人机是由 诺思罗普·格鲁曼公司 所生产制造的 无人飞机 (UAV)，主要服役于 A国空军 与 A国海军 。它可以提供后方指挥官综观战场或细部目标监视的能力。它装备有高分辨率 合成孔径雷达 ，可以"看"穿云层和风沙，还有光电红外线模组(EO/IR)提供长程长时间全区域动态监视。白天监视区域超过 1000000km² 。例如，要监视 A国B市 一样大的城市，可以从距离B市5000km外的C市遥控无人机，拍摄370km×370km区域的B市区24h，然后悠闲地飞回家。

图 2.10　实体识别实例

实体识别方法分为基于规则、基于统计模型和基于神经网络三类，如表 2.2 所示。

表 2.2　实体识别方法对比

方法类别	优点	缺点
基于规则	适用于小规模数据； 精度可靠性较高	大规模应用困难； 可移植性差
基于统计模型	性能较好；通用性强，可移植	依赖特征选取和语料库； 训练时间长
基于神经网络	自动化识别；所需专家知识少；性能少，优化便捷	网络模型多样； 依赖参数设置； 可解释性差

基于统计模型的方法将命名实体识别当作序列标注问题。常见的统计模型有条件马尔可夫模型、隐马尔可夫模型、条件随机场模型和最大熵模型等。基于统计模型的方法容易迁移到不同领域的知识图谱中，通用性强；但是统计模型的状态搜索空间庞大，并且高度依赖特征选取和语料库，模型训练时间长。

基于神经网络的方法能够自动从数据中学习复杂的隐藏特征，所需领域专业知识较少。常见的神经网络模型主要包括卷积神经网络、循环神经网络等。但由于神经网络模型多样且模型依赖于参数的设置，可解释性差。

基于规则的方法通过专家手工构建规则集，将文本等数据与规则集匹配来得到实体提及信息。该方法在小规模知识图谱的应用上达到了较高精度，但是随着知识图谱规模的增大，人工构建规则困难，难以迁移到不同领域的知识图谱中。

现有的基于规则的方法通常只考虑实体本身，忽略了实体相关的时间、空间等约束，难以适用于无人机等专业领域的众多现实场景。为了实现从文本数据中自动抽取知识实体及其约束，本节提出了一种多元知识获取方法[2]，构造多元知识基本组成结构，通过混合的规则匹配来实现实体识别。

首先，本节设计多元知识的六元组结构，所述六元组包括实体集、关系、时间约束、空间约束、类别和实体属性集，如图 2.11 所示。多元知识的时间约束表示为 $\{[b_1,e_1],[b_2,e_2],\cdots,[b_m,e_m]\}$，其中，每个时间区间记录多元知识的生效时间段，左端点为起始时间，右端点为结束时间；当约束具体指定一个时间点时，时间约束的区间两端的值相等。多元知识的空间约束为 $\{\langle s_{11},s_{12},\cdots\rangle,\cdots,\langle s_{n1},s_{n2},\cdots\rangle\}$，其中，$\{s_{i1},s_{i2},\cdots\}$ 记录时间段 $[b_i,e_i]$ 内知识生效的空间描述序列；若所有空间范围均生效，则对应空间约束为空集。

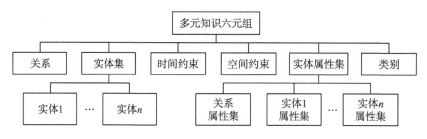

图 2.11　实体知识六元组

其次，基于所述多元知识六元组结构，获取文本数据的多元知识中的实体信息。预处理文本数据，完成文本中从代词到实体的替换；针对预处理后的文本数据，通过混合的规则匹配进行实体提取；从预处理后的文本数据中提取时间信息，并对应至实体，获得实体时间约束；结合实体时间约束从预处理后的文本数据中提取相应空间信息，并对应至实体，获得实体空间约束；基于实体集合和属性信息，结合时间约束和空间约束进行相同实体的消歧，获得新的实体集合。

在知识超图应用于解决实际任务的过程中，评估当前技术的性能水平，了解该技术的优缺点，参考可行的改进和发展方向，对知识超图的成功应用至关重要。命名实体识别的评测指标主要包括精确率、召回率及 F1-score 指标。实体识别评测如算法 2.1 所示。

算法 2.1　实体识别评测

输入：自然语言文本集合：$D=\{d_1,d_2,\cdots,d_N\}$，$d_i=\langle w_{i1},w_{i2},\cdots,w_{in}\rangle$；预定义类别为 $C=\{c_1,c_2,\cdots,c_m\}$。

输出：精确率 P_S；召回率 R_S；F1-score 指标 F_{1S}。

1. 结果集合记为 $S=\{s_1,s_2,\cdots,s_m\}$，人工标注的结果集合记为 $G=\{g_1,g_2,\cdots,g_n\}$。集合元素为一个实体提及，表示为四元组 $\langle d,\mathrm{pos}_b,\mathrm{pos}_e,c\rangle$，$d$ 表示文档，pos_b 和 pos_e 分别对应实体提及在文档 d 中的起止下标，c 表示实体提及所属预定义类别。

2. 严格指标定义 $s_i \in S$ 与 $g_j \in G$ 严格等价，当且仅当：

3. $s_i \cdot d = g_j \cdot d$

4. $s_i \cdot \mathrm{pos}_b = g_j \cdot \mathrm{pos}_b$

5. $s_i \cdot \mathrm{pos}_e = g_j \cdot \mathrm{pos}_e$

6. $s_i \cdot c = g_j \cdot c$

7. 基于以上等价关系，定义集合 S 与 G 的严格交集为 $\bigcap_s$。由此得到严格评测指标：

8. $P_S = \dfrac{|S \cap_s G|}{|S|}, \quad R_S = \dfrac{|S \cap_s G|}{|G|}, \quad F_{1S} = \dfrac{2P_s R}{P_s + R}$

9. 松弛指标定义 $s_i \in S$ 与 $g_j \in G$ 松弛等价，当且仅当：

10. $s_i \cdot d = g_j \cdot d$

11. $\max\left(s_i \cdot \mathrm{pos}_b, g_i \cdot \mathrm{pos}_b\right) \leqslant \min\left(s_i \cdot \mathrm{pos}_e, g_i \cdot \mathrm{pos}_e\right)^3$

12. $s_i \cdot c = g_j \cdot c$

13. 基于以上等价关系，定义集合 S 与 G 的松弛交集为 $\bigcap_r$。由此得到松弛评测指标：

14. $P_r = \dfrac{|S \cap_r G|}{|S|}, \quad R_r = \dfrac{|S \cap_r G|}{|G|}, \quad F_{1r} = \dfrac{2P_r R}{P_r + R}$

2.2.2　关系抽取

关系抽取是知识图谱领域的研究重点，也是知识抽取中的核心内容。通过获取实体之间的某种语义关系或关系的类别，自动识别实体对之间的关系，如图 2.12 所示。

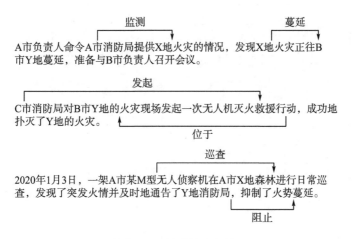

图 2.12　关系抽取实例

经典的关系抽取方法存在误差传播问题，影响关系抽取效果。与经典方法相比，基于深度学习的关系抽取方法可以自动地学习语句特征，不需要复杂的特征工程。主流的基于深度学习的关系抽取方法包括有监督关系抽取方法、远程监督关系抽取方法、小样本关系抽取方法三类，如表 2.3 所示。

表 2.3 基于深度学习的关系抽取方法对比

方法类别	优点	缺点
有监督关系抽取方法	良好的泛化能力	需要大量高质量标注的语料；难以迁移到其他领域
远程监督关系抽取方法	只需少量训练数据	产生噪声数据；泛化能力不佳
小样本关系抽取方法	只需少量训练数据；良好的泛化能力	抽取性能不佳

　　有监督关系抽取方法需要大量高质量标注的语料，需要耗费大量的人力物力，且难以迁移到其他领域中。为了缓解监督数据不足的问题，远程监督关系抽取方法启发式地将语句中的目标实体和知识库中的实体对齐，达到自动标注语句的目的。但是，远程监督关系抽取方法会产生噪声数据，且许多领域的知识库不完善，关系抽取效果不佳。

　　为了解决监督学习中的数据需求问题，并具备良好的泛化能力，需要充分地利用少量标注样本进行训练，使得模型具有更好的泛化能力。在小样本关系抽取方法中，每个实体样本对关系类型判断的贡献是相同的，忽略实体的差异性，从而导致关系预测偏差。为了解决这个问题，我们提出了基于 BERT（bidirectional encoder representations from transformers）的上下文注意力原型网络（context attention-based prototypical networks with BERT，Proto_CATT_BERT）[3]，设计了上下文注意力机制以突出关键实体的贡献，在基于上下文注意力的小样本关系抽取场景中取得了较佳的关系抽取性能。Proto_CATT_BERT 模型如图 2.13 所示。

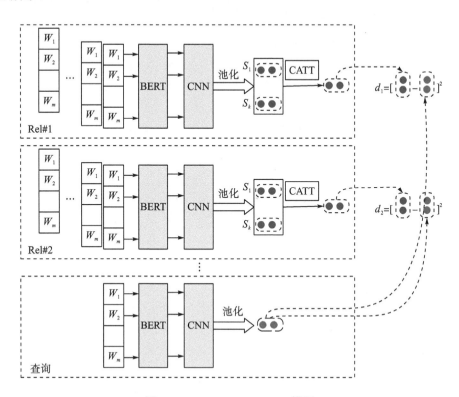

图 2.13　Proto_CATT_BERT 模型

Proto_CATT_BERT 模型由以下三部分组成。

（1）句子编码器：将预训练模型作为嵌入层，将卷积神经网络作为编码层，从给定的包含两个实体的句子中，提取特征并表示为低维实值向量。

（2）原型网络：使用原型网络作为支持集中每个关系的计算原型。计算查询实例与每个关系原型之间的欧氏距离，并选择与最小距离相对应的关系原型作为查询实例的预测关系。

（3）上下文注意力：提出上下文注意力机制，对支持集中的实例进行评分。

关系抽取的目标是从给定的句子中识别出实体对之间的关系。评测任务使用 F_1 值作为评价指标。在计算 F_1 值时，不考虑 NA 关系（NA 关系是一种特殊的关系，表示实体对不存在关系表中的关系）。具体来说，如果一个句子被预测出有多个关系，那么它是否预测有 NA 关系不会影响 F_1 值的计算。记 N_{sys} 是系统预测结果中所有句子的非 NA 关系数量，N_{std} 是标准答案中非 NA 关系的数量，N_r 是预测正确的关系数量，则关系抽取的评价指标可以定义为

$$P = \frac{N_r}{N_{sys}}, R = \frac{N_r}{N_{std}}, F_1 = \frac{2PR}{P+R}$$

如表 2.4 所示，比较了小样本关系抽取模型与传统模型的精度，表中加粗数值为最佳实验结果。结果证明本节提出的模型 Proto_CATT_BERT 在几个任务上都优于传统模型。

表 2.4　小样本关系抽取模型实验结果对比

模型（发表年份）	5 分类 5 样本	5 分类 10 样本	10 分类 5 样本	10 分类 10 样本
Meta Network（2003）	80.03±0.52	82.96±0.50	70.31±0.48	73.03±0.44
GNN（2003）	77.75±0.44	80.56±0.38	66.02±0.40	69.30±0.42
SNAIL（2003）	80.57±0.24	81.62±0.21	68.03±0.22	71.32±0.20
Prototypical Networks（2003）	85.57±0.14	88.17±0.10	75.01±0.16	78.50±0.11
Proto_HATT（2019）	87.23±0.08	89.53±0.06	77.45±0.06	80.98±0.08
本节提出的模型 Proto_CATT_BERT	**94.86±0.04**	**95.74±0.05**	**90.01±0.04**	**91.60±0.03**

本节介绍了知识图谱构建中的关系抽取任务，并提出一种改进模型 Proto_CATT_BERT。从表 2.4 可以看出，模型中加入上下文注意机制可以提高小样本关系抽取模型的精度。

2.2.3　属性抽取

属性抽取（attribute value extraction，AVE）是知识图谱构建的重要一环，其定义是给定一个实体及该实体的描述文本，从文本中抽取出与该实体相关的属性及其属性值[4]，如图 2.14 所示。

AVE 方法一般可以分为无监督属性抽取方法、半监督属性抽取方法和基于深度学习的序列标注属性抽取方法，如表 2.5 所示。

表 2.5　属性抽取方法对比

方法类别	优点	缺点
无监督属性抽取方法	良好的泛化能力	整体抽取性能不佳
半监督属性抽取方法	在有触发词的句子中效果较好	在描述句式灵活且对触发词依赖小的句子时，抽取性能不佳
基于深度学习的序列标注属性抽取方法	适用于多种场景	只考虑了单一属性值

　　无监督属性抽取方法包括基于规则的槽填充算法和基于聚类的属性抽取方法。基于规则的槽填充算法通过人工构造规则进行属性抽取，人工构造规则模板复杂，抽取准确率低。基于聚类的属性抽取方法通过找出限定性的短语和名词短语，并对筛选出的名词进行聚类，实现属性抽取。无监督属性抽取方法具有较好的泛化能力，但整体的属性抽取性能不佳。

　　半监督属性抽取方法利用依存句关系分析，根据属性特点，识别出句子中所有可能的候选属性。该方法在有触发词的句子中效果较好，在描述句式灵活且对触发词依赖小的句子中，提取性能不佳。

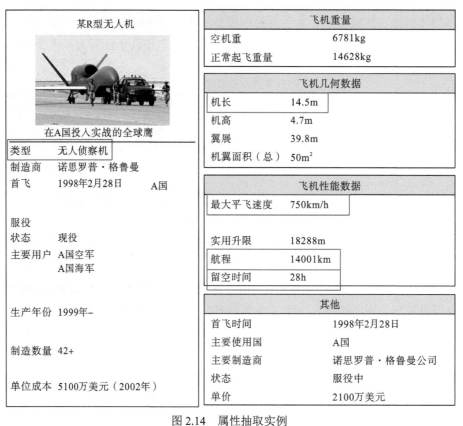

图 2.14　属性抽取实例

　　基于深度学习的序列标注属性抽取方法将属性值看作较长的实体值，对数据进行标注，使用序列标注模型进行训练和抽取。该方法适用于人物属性抽取、在线评论文本属性抽取，以及从无上下文信息的标题中抽取产品属性等多个场景。

　　但是，以上大部分方法只考虑了单一属性值，若实体的一个属性具有多个属性值，则当前的方法难以对这些属性值进行筛选。

　　如图 2.15 所示，本节提出一种层次化的评估方法进行属性值筛选[5]，针对实体集合中的每一个实体，通过语义角色分析、句法分析及词性分析，从文中实体出现的所有位置的上下文中抽取实体属性。若实体的一个属性具有多个属性值，则采用层次化的评估方法进行属性值筛选，其分为三个层次：第一层通过属性值进行可靠性评估，第二层通过相似属性值出现频率进行评估，第三层通过时效性进行评估，设置一个当前时间的标记，越靠近当前时间的属性值时效性指标评分越高；对上述三个指标进行加和，结果进行归一化，得到一个 0～1 的评分，保留评分最高的 10 个属性值，并将其中评分最高的属性值设置为主要，其余为次要。

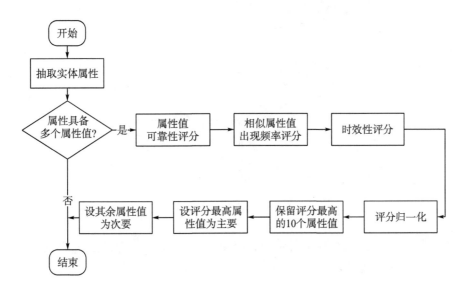

图 2.15　层次化评估方法的属性值筛选

　　属性抽取的评测指标主要包括精确率、召回率及 F1-score 值。属性抽取评测如算法 2.2 所示。

算法 2.2　属性抽取评测

输入：自然语言文本中的 n 个属性：$M=\{m_1,m_2,\cdots,m_n\}$；
预定义属性类别：$A_n=\{a_1,a_2,\cdots,a_n\}$；标注结果 $A_n'=\{a_1',a_2',\cdots,a_n'\}$。

输出：精确率 P；召回率 R；F1-score 指标 F_1。

准确率：$P=\dfrac{\sum_{n\in N}\left|A_n\bigcap A_n'\right|}{\sum_{n\in N}\left|A_n'\right|}$

召回率：$R=\dfrac{\sum_{n\in N}\left|A_n\bigcap A_n'\right|}{\sum_{n\in N}\left|A_n\right|}$

F_1 值：$F_1=\dfrac{2\times P\times R}{P+R}$

2.2.4　事件抽取

事件抽取（event extraction，EE）是信息抽取的一项基础核心技术，被广泛地应用到事理图谱构建及事件预测等。EE 中优质的结构化知识能够帮助模型理解更深层的事物，并实现一定程度的逻辑推理能力，对海量的信息分析起到了至关重要的作用。事件抽取是从大量非结构化、未经处理的信息中抽取出完整事件，并以结构化形式存储和展示，如图 2.16 所示。事件抽取任务包括事件触发词抽取和事件元素抽取。

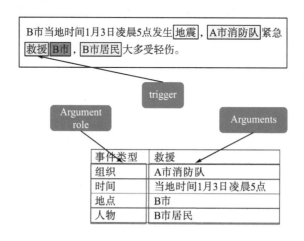

图 2.16　事件抽取实例

事件抽取一般分为联合抽取（joint-based event extraction）方法及管道抽取（pipeline-based event extraction）方法，如表 2.6 所示。

表 2.6　事件抽取方法对比

方法类别	优点	缺点
联合抽取方法	减少错误传播	不能充分地利用事件触发词的信息
管道抽取方法	充分地利用事件触发词信息	泛化能力弱

联合抽取方法同时识别事件触发词及事件要素，减少了上游组件（触发词标识）到下游分类器（参数标识）的错误传播，并且通过全局特征来利用事件触发词和事件要素间的相互依赖性，但是该方法不能充分地利用事件触发词的信息。

管道抽取方法一般先识别事件触发词，然后识别事件参数。其中，触发词识别是整个元事件抽取的基础。后续工作依赖于之前任务的结果，但事件抽取任务的传统方法依赖于较为精细的特征设计及一系列复杂的自然语言处理工具，泛化能力低。管道抽取方法存在错误传播的问题，无法利用事件触发词和参数的相互依赖关系。

此外，由于事件包含了触发词、事件要素等大量信息，现有的事件抽取方法在面向复杂场景时抽取效果不佳。因此，综合上下文、文档等多种信息，我们提出了基于管道的事件抽取模型[6]，如图 2.17 所示，相较于传统模型，该模型在复杂场景下事件抽取的能力得到改进。

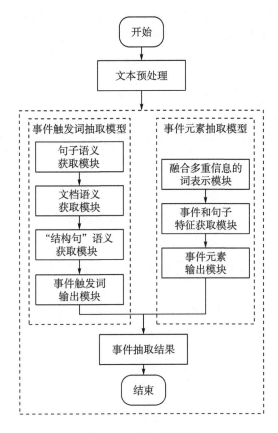

图 2.17　事件抽取流程

首先，提出基于注意力机制和双向门控循环单元(bidirectional gated recurrent unit，Bi-GRU) 的事件触发词抽取方法，联合利用句子级别上下文信息、文档语义和文档主题信息，提高事件触发词抽取的定位和分类准确性。其次，提出基于预训练模型 BERT 和注意力机制的事件元素抽取方法，基于注意力机制计算动态的句子向量表示，提高事件元素抽取分类准确率。

事件触发词抽取模型分为句子语义获取模块、文档语义获取模块、"结构句"语义获取模块及事件触发词输出模块。在句子语义获取模块中，对输入的文本，通过词嵌入之后获得向量表示，输入到句子语义层，通过有监督的词级别注意力机制在重点关注触发词的情况下获得句子语义。在文档语义获取模块中，通过有监督的句子级别注意力机制在重点关注包含触发词句子的情况下获得文档语义。在"结构句"语义获取模块中，通过对语料特点的分析和统计，发现文章标题、第一段第一句和最后一段第一句具有高度的概括性，代表了文档主题信息，将这些句子称为"结构句"。最后将待分类的事件触发词候选词与前面获得的语义进行融合处理，得到最后的事件触发词抽取结果。

事件元素抽取模型主要分为融合多重信息的词表示模块、事件和句子特征获取模块与事件元素输出模块。其中，融合多重信息的词表示模块中通过 BERT 模型得到文本的词向量表示，元素抽取与其关联的触发词息息相关，因此对于元素抽取，需要依赖于已知的事件触发词信息，然后融合实体类型信息得到语义增强的词表示。在事件和句子特征获取模块中，通过 Bi-GRU 获取深层次上下文信息，结合事件特征和句子特征获得融合特征信息。将特征输入到事件元素输出模块得到抽取结果。

我们提出的基于管道的事件抽取模型，通过注意力机制和预训练模型 BERT 提高了事件抽取的准确率。但是，当前的模型抽取性能仍然需要进一步提高，针对复杂场景，句内和句间事件关联性建模、文本信息整合等任务仍存在问题，我们也将持续地研究事件抽取相关算法。

2.3　知识超图构建

知识抽取从多种数据源中提取知识并存入知识超图，是构建大规模知识超图的基础。此外，事件信息补全、事件规则挖掘、本体构建、超边构建、知识超图表示学习等是知识超图构建的关键技术。构建步骤主要包括：事理层构建、概念层构建、实例层构建、映射关系构建。知识超图构建过程如图 2.18 所示。

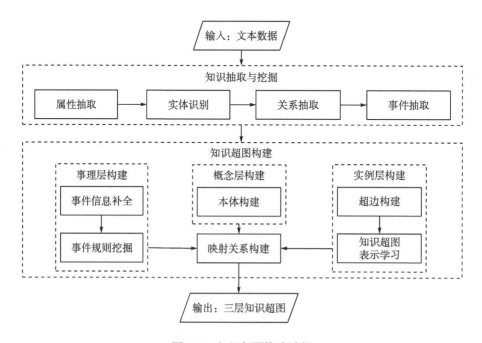

图 2.18　知识超图构建过程

2.3.1　事理层构建

事理层以事件为中心，描述了事件信息及事件之间的各种关系。事理层的研究对象是事件，包含了事件相关的知识、事件演变的过程及事件间的关系。在事理层的构建、推理与应用过程中，核心技术主要包括事件信息补全技术及事件规则挖掘技术。事件信息补全技术是利用事理层中已有的知识，推理补全缺失的事件知识。事件规则挖掘技术则是利用文本中的信息来挖掘事件之间的时序、因果等关联规则。构建好的事理层可以应用于热点事件检测、事件脉络分析及未来事件预测等。

1. 事件信息补全技术

事件抽取的结果往往是不完整的，存在部分论元缺失、论元抽取不准确等情况。为了对事件抽取的结果进行完善，就需要用到事件信息补全技术。事件信息补全任务的目的是根据已有的事件信息预测缺失的事件或关系。基于不同的场景，事件信息补全技术可以分为静态事件信息补全技术与动态事件信息补全技术，如表 2.7 所示。

表 2.7　事件信息补全技术对比

类别	优点	缺点
静态事件信息补全技术	补全性能佳	缺乏可解释性
动态事件信息补全技术	适用于现实场景	计算复杂度高

依赖于现有连接结构，静态事件信息补全技术只能挖掘已知实体的潜在关系。通常采用表示学习方法实现静态事件信息补全。表示学习的方法能够从数据中学到新的表示，并依据任务构建特征，但是缺乏可解释性。除此之外，通过加入路径、规则等信息，或者采用卷积神经网络、GNN 等神经网络，静态事件信息补全技术的性能得到了很大的提升。

动态事件信息补全技术基于开放世界假设，预测外部实体与弱关联实体。由于现实世界的事理层会随着新实体和关系的增加而不断扩大，因此动态事件信息补全技术比静态事件信息补全技术更实用，且更符合事物发展规律。传统的动态事件信息补全技术通过简单融合实体描述中的语义信息、使用余弦相似度提取与实体相关描述等方法学习新实体的语义信息。

在静态事件信息补全技术中，事件节点关系多样，如何充分地利用事理层中丰富的结构信息是一个现实的挑战。为此，我们提出一种基于局部结构感知的图注意力网络(graph attention networks with local structure awareness，LSA-GAT)模型[7]，模型学习不同局部结构的语义特征，并融合这些信息，形成富含局部结构语义信息的实体表示，以此提高事理层补全效果。LSA-GAT 模型整体结构如图 2.19 所示，整个模型分为三个部分。

图注意力机制：为了融合目标实体周围的信息，采用基于图注意力机制的聚合方法学习目标实体周围的信息。

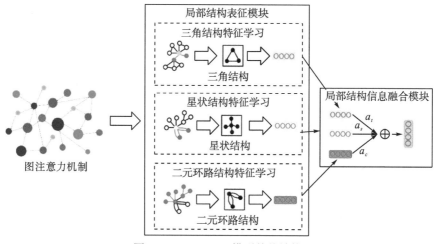

图 2.19　LSA-GAT 模型整体结构

　　局部结构表征模块：为了学习局部结构信息，定义了三种局部结构，即二元环路结构、三角结构和星状结构。然后，使用 LSA-GAT 模型聚合结构信息，生成三种不同的结构特定嵌入，最后将它们合并以获得最终的实体嵌入。

　　局部结构信息融合模块：使用三个可以学习的注意力权重参数，对三种结构信息进行加权求和，得到最终的实体嵌入。

　　如表 2.8 所示，在 FB15K-237 和 WN18RR 数据集上的实验结果表明，与传统方法相比，本节提出的 LSA-GAT 模型在大多数指标上都取得了较好的表现，这说明 LSA-GAT 在知识图谱上具有更强的表示学习能力，表中加粗数值为最佳实验结果，Hits@N 表示正确结果出现在得分排名前 N 的结果的比例，MRR（Mean Reciprocal Rank）表示平均倒数排名，MR（Mean Rank）表示平均排名。

表 2.8　事件信息补全模型性能对比

模型（发表年份）	FB15K-237					WN18RR				
	Hits@N			MRR	MR	Hits@N			MRR	MR
	1	3	10			1	3	10		
DistMult (2014)	0.16	0.26	0.42	0.24	254	0.39	0.44	0.49	0.43	5110
ComplEX (2016)	0.16	0.28	0.43	0.25	339	0.41	0.46	0.51	0.44	5261
ConvE (2017)	0.23	0.35	0.50	0.32	244	0.40	0.44	0.52	0.43	4187
ConvKB (2018)	0.20	0.32	0.52	0.40	257	0.06	0.45	0.53	0.25	2554
R-GCN (2018)	0.15	0.26	0.42	0.25	—	—	—	—	—	—
SACN (2019)	0.27	0.40	0.55	0.36	—	0.43	0.48	0.54	0.47	—
CompGCN (2020)	0.26	0.39	0.53	0.35	**197**	**0.44**	0.49	0.54	0.47	3533
本节提出的模型 LSA-GAT	**0.41**	**0.50**	**0.60**	**0.47**	273	0.35	**0.49**	**0.58**	0.44	**1947**

　　事件信息补全模型定义了三种典型的局部结构来捕获实体和关系之间的语义联系，并

聚合这些结构下的信息来学习实体和关系的嵌入。与经典的方法相比，本节提出的模型 LSA-GAT 在信息补全方面有明显的改进。

2. 事件规则挖掘技术

事理图谱中包含大量因果、顺序等逻辑规则，可以使得推理模型按照人类认知过程进行推理，并且可以根据推理规则，对推理结果做出详细的解释。

规则挖掘可以用来描述数据的一般规律，有助于理解数据，并在此基础上进行推理、补全和检错纠错。规则挖掘方法包括不完备知识库的关联规则挖掘(association rule mining under incomplete evidence，AMIE)方法和结合实体、属性信息的规则挖掘方法，如表 2.9 所示。

表 2.9　事件规则挖掘技术对比

方法类别	优点	缺点
不完备知识库的关联规则挖掘	可解释性强、规则搜索效率高	扩展性差、规则的复杂性及表达能力有限
结合实体、属性信息的规则挖掘	规则表达的复杂性强、规则搜索效率高	实体、属性信息使用不充分

在规则挖掘中最朴素方法是枚举所有可能的规则，但该方法搜索空间大，不适用于大规模知识库。AMIE 采用三个挖掘操作算子迭代地扩展规则，同时定义多个标准对规则进行评估和剪枝。该方法可解释性强，准确性高，但扩展性差，规则的复杂性及表达能力有限。

结合实体、属性信息的规则挖掘模型能够合理地运用实体及属性信息，有助于增加规则表达的复杂性，优化规则搜索效率。但目前在规则挖掘过程中对丰富的实体、属性等语义信息的使用还比较初级。

当前规则挖掘方法还存在难以应用于大规模知识超图、规则间逻辑关联差等问题。为此，我们探索了多种基于规则挖掘的推理方法，并在研究过程中提出并论证了基于符号逻辑的融合归纳推理方法。图 2.20 为事件规则挖掘技术实例。首先，构建类别知识子图，利用节点采样和关联性分析，构建类别规则模板。其次，提出结构优化的路径采样方法，结合图结构搜索技术来优化知识图谱路径采样。最后，结合逻辑关联分析，聚合类别规则集，实现泛化规则集构建。

类别感知的规则模板搭建：首先，进行邻居节点采样，构建邻居节点集合和边集合。其次，聚合局部和全局信息，更新节点和边的表示。最后，简化知识子图，根据不同边对推理过程的重要性，为知识子图中的每条边计算一个贡献分数，删除贡献得分低的边来简化知识子图，得到高质量的类别规则模板。

结构搜索的路径采样：首先，计算推理路径的排名，得到包含高置信度推理路径的搜索结果。其次，采用带权策略来实现路径搜索，即以小于设定阈值的概率并采取一个随机决策，以大于等于阈值的概率计算每条路径在一个时间周期内分配到资源的概率并进行采样。最后，通过结构搜索路径采样方法，实现高质量、高可靠路径搜索，得到高质量的事理推理路径。

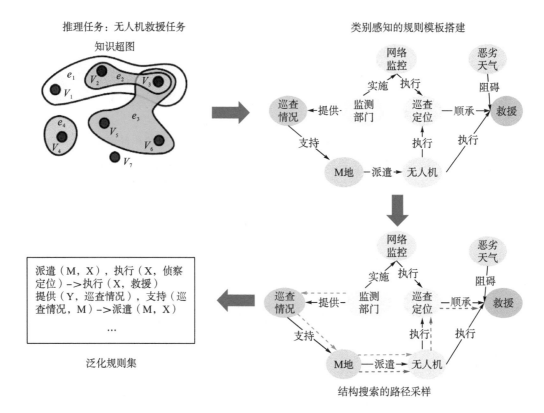

图 2.20　事件规则挖掘技术实例

事理层中包含大量的事件知识，事件涉及的维度较多，导致事理层的构建与推理具有一定的难度。通过事件抽取、事件信息补全、事件规则挖掘等关键技术实现了事理层的构建，为事件信息应用奠定了知识基础。

2.3.2　概念层构建及映射关系构建

概念层主要用来描述某个领域内的概念和概念之间的关系，使得它们在共享的范围内具有大家共同认可的、明确的、唯一的定义。概念层作为中间层，连接事理层和实例层，通过实体概念抽象化实例知识、描述事件，这是知识超图构建的关键一环。本节首先介绍本体构建方法，构建概念实体集合；其次，介绍跨层映射关系构建方法，包含"事理-概念"及"概念-实例"之间的映射关系。

1. 本体构建

本体(ontology)是指实体的概念集合、概念框架，如"人""事""物"等。本体可以采用人工编辑的方式手动构建，也可以以数据驱动的自动化方式构建本体。由于人工方式工作量巨大，且很难找到符合要求的专家，因此当前主流的本体库都是从一些面向特定领域的现有本体库出发，采用自动构建技术逐步扩展得到的。

自动化本体构建过程包含三个阶段：实体并列关系相似度计算、实体上下位关系抽取、本体的生成。例如，当获取"区域""Y市""装备"三个实体时，首先通过实体之间的相似度计算，发现"区域"与"Y市"更相似，与"装备"差别更大。其次，通过实体上下文关系抽取，发现"区域"和"Y市"不属于一个类型，无法比较。最后，通过本体生成，发现"Y市"是"区域"的细分实体，与"装备"不属于一个类型。

当前，由于同一领域内往往存在着大量本体，且它们描述的内容在语义上往往有重叠或关联，存在本体异构的问题，例如，"区域""地点"和"地区"。目前，主要解决方法分为本体集成和本体映射两大类，本体集成是将多个不同数据源的异构本体集成为一个统一的本体，本体映射则是在多个本体之间建立映射规则，使信息在不同本体之间进行传递，如图 2.21 所示。

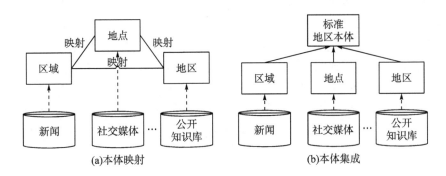

图 2.21　本体异构解决办法

2. 映射关系构建

事理层和概念层之间、概念层和实例层之间存在一种关联的映射机制，具体表现为事理层中的事理节点由概念层超边刻画，概念层定义的属性会被自然继承到概念下面的每一个实例身上。

当前，缺少对事理与概念之间映射关系的研究。针对概念与实例之间的映射关系，普遍只考虑了概念与实例之间的相似度，忽略了它们之间的时空约束。例如，概念"挂载设备"相关的每个实例"某 M 型无人机"都有使用期限和使用环境，它只能在使用期限和使用环境下才能正常发挥自己的功能。因此，我们提出了具备时空约束的映射机制，实现事理层与概念层及概念层和实例层的关联。

首先，设计概念层与事理层映射为 $H_{OFE} = \{(V'_{OF}, V'_E), L_{OFE} \mid V'_{OF} \subset V_F \text{or} V'_{OF} \subset V_O, V'_E \subset V_E\}$，$V'_{OF}$ 表示实例实体对应的概念实体集合及其蕴含的实例实体，如某个挂载设备有关的某些特征，V'_E 表示概念实体涉及的事件实体集合，如有关某个挂载设备的事件，L_{OFE} 表示跨层之间的映射集合及其标签。通过该结构表示实例实体或概念实体对应的事件内涵。

其次，构建概念层和事理层之间的关系，根据从概念层获取的概念实体，从事理层中获取对应的事件要素，所属事件要素包括：人物、地点、时间等。每个概念节点对应一个或者多个事件要素，也可以将一个事件用几个概念节点来表示。如一个目标人物的某些特征触发可能引起某些事件发生。概念实体和事件实体之间的关联关系用超边结构进行表示。用 E_{OFE} 表示概念和事件之间的关联及时空约束，具体地， $E_{OFQi} = \{R_{FEi}, [\tau_s, \tau_e], \sigma_{OEFi}\}$，分别采用超边结构 R_{FEi} 表示定义在概念与事件之间的连接映射，采用 $[\tau_s, \tau_e]$ 和 σ_{OEFi} 表示生效时间及生效空间。例如，担任美国总统这一事件只在一定时间和环境的条件下成立，并且能引起某些事件。

然后，设计概念知识层与实例知识层映射为 $H_{OF} = \{(V_O', V_F'), L_{OF} \mid V_O' \subset V_O, V_F' \subset V_F\}$，即定义实例实体和概念实体间的映射集合及其标签。$V_O'$ 表示识别出的实例实体集合，如上海、纽约等。V_F' 表示实例实体对应的概念实体集合，如地区、人物等。该结构表达了不同的实例实体或实例实体集合所对应的概念内涵，包含实体的类别信息、归属信息等。同时，引入映射互斥规则，允许实例实体在时空约束 L_{OF} 下唯一关联一个或者多个概念实体。如不同国家拥有不同的武器装备，相同国家不同的军兵种所拥有的武器装备也不同。一个表示武器装备的实例节点可以对应多个表示武器装备特征的概念节点，表示这个武器装备的各种特征。

最后，构建实例层和概念层之间的关系，如图 2.22 所示。从实例层获取的实例实体和从概念层获取的概念实体的关联关系，用超边结构进行表示。采用 E_{OF} 表示实体与概念之间的关系及时空约束，具体地，$E_{OFi} = \{R_{OFi}, [\tau_s, \tau_e], \sigma_{OFi}\}$，超边结构 R_{OFi} 表示定义在实体与概念之间的连接映射，用 $[\tau_s, \tau_e]$ 表示生效时间及用 σ_{OFi} 表示生效空间。例如，每个武器装备都有使用期限和使用环境，它只能在对应要求下才能正常发挥自己的功能。

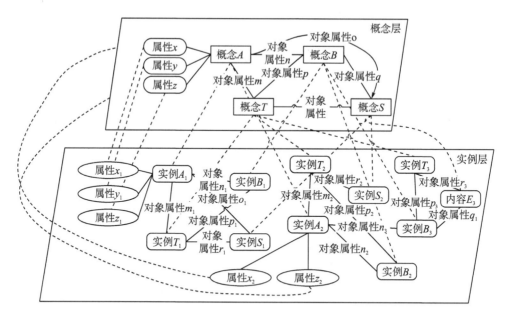

图 2.22　实例层和概念层之间的关系

综上，构建概念层和实例层、事理层和概念层的映射关系，能够更好地关联和利用知识超图中的信息，也可以提高知识超图的质量和可用性。

2.3.3 实例层构建

实例层以符号形式描述物理世界中的实体及其相互关系。在实例层的构建过程中，首先，需要构建超边集合；其次，将知识库中的实体和关系表示为向量，旨在能够高效地计算实体和关系的语义联系。核心技术主要包括超边构建及知识超图表示学习。

1. 超边构建

不同于简单图中一条边包含两个节点，超边可以包含任意数量的节点。同时，与只能建模成对连接关系的图结构相比，超图在建模复杂关系时具有显著的优势。例如，在超图中，节点表示无人机的参数，超边表示同一型号无人机多个参数之间的关联。超边的构建方法分为四类：基于距离的超边构建方法、基于表示的超边构建方法、基于属性的超边构建方法、基于网络的超边构建方法，如表 2.10 所示。

表 2.10 超边构建方法对比

方法类别	优点	缺点
基于距离的超边构建方法	效率高	超参数设置复杂
基于表示的超边构建方法	避免噪声的影响	引入额外的计算量
基于属性的超边构建方法	适合有明确属性的样本	不能用于属性单一的情况
基于网络的超边构建方法	适用于图结构化数据	超边类型数量有限

基于距离的超边构建方法在特征空间中构造超边连接相邻的实体，通过距离来挖掘实体之间的关联。主要目标是在特征空间中找到邻居节点构成超边。常见的超边构建方式有两种：最近邻居节点的搜索和聚类。在基于最近邻居节点的搜索方法中，超边构建需要先为每个节点找到最近的邻居。对于每个节点，超边包含自己和在特征空间中最近的邻居节点，而邻居节点的数量 k 往往是提前定义好的。基于聚类的方法通过在所有节点上使用聚类算法把节点分到不同的簇中。一条超边对应一个簇，簇中节点全连接。不同尺度的聚类算法可以用于构建多个超边。

基于表示的超边构建方法通过重建实体特征来明确实体之间的超边关系，但是超边关系类型需要预先定义。基于表示的超边构建方法可以评估每个节点在特征空间中的重构能力。但是和基于距离的超边构建方法类似，该方法也会受到数据噪声和离群点的影响。还有就是基于表示的超边构建方法需要采样，只有部分相关的节点参与重构，因此该方法不能完全表示数据关系。

基于属性的超边构建方法是利用属性信息构造超边。在基于属性的超边构建的超图中，超边被视作一个团。由于属性可以是分层的，因此可以得到不同尺度属性连接的超边。需要注意的是，虽然属性信息有重要的作用，但并非在所有情况下基于属性的超边构建方法都有属性信息可用。

基于网络的超边构建方法，根据其主题相关性，可以用于社交网络、反应网络、大脑网络等。这些网络数据可以用于构建主观的关系。例如，使用基于网络的超边构建方法表示无人机相关属性信息，节点表示无人机基础参数或无人机图像，超边包含同质和异质两种类型。同质超边表示视觉或文本关系，即无人机参数之间或无人机图像之间的关系；异质超边表示无人机参数和图像两种模态数据之间的关联关系。

基于距离的超边构建方法和基于表示的超边构建方法属于隐式超边构建方法，通过创建每个超边的表示和指标来描述样本之间的相似性。基于属性的超边构建方法和基于网络的超边构建方法属于显式超边构建方法，其中，超边可以通过数据中的固有结构信息直接构建，例如，属性结构或网络结构。在超边的构建过程中，用一条封闭的曲线表示一个具体的超边对象，该条曲线可以覆盖多个实体节点或者多条关系边。一个实体节点或一条关系边可以属于多条超边。一条超边在一个图空间范围内用唯一的 ID 标识。

超边的数据结构定义为

```
struct HyperEdge {
  ID Id; //超边 ID(全局唯一)
  enum HyperEdgeType; //超边类型：事实超边、事件超边
  string Label;
  string template; //超边模板
  DateTime  StartTime; //关系开始时间
  DateTime  EndTime; //关系结束时间
  list<ID> HyperEdgeEntities; //超边包含的实体 ID
  list<ID> HyperEdgeRelations; //超边包含的关系 ID
}
```

2. 知识超图表示学习

知识超图表示学习是将知识库中的实体和关系表示为向量，可以在低维空间中高效地计算实体和关系的语义联系，有效地解决数据稀疏问题，使知识推理的性能得到显著的提升。传统的知识超图表示学习方法，包括基于翻译的方法、基于张量分解的方法、基于神经网络的方法等，通过学习语义距离、实体间交互、结构特征等重要信息，实现了高效的知识表示，如表 2.11 所示。

表 2.11　知识超图表示学习方法对比

方法类别	优点	缺点
基于翻译的方法	操作简单	关系表达能力受限
基于张量分解的方法	表示性能佳	模型参数多、计算复杂度高
基于神经网络的方法	表示性能佳、表达多种类型关系	计算复杂度高

基于翻译的方法旨在将关系建模为超边中实体的某种转换操作。该方法可以处理可变的超关系数据，并且操作较简单。M-TransH(multi-fold TransH)是第一个基于翻译的知识超图表示模型，该模型将实体映射到相关的超平面，并使用映射结果的加权和来定义评分函数。

基于张量分解的方法将超关系事实表示为 n 阶张量，通过张量的分解学习节点的嵌入。该方法大多使用规范多元分解(canonical polyadic decomposition，CPD)，取得了很好的性能，但是其操作比较复杂，评分函数也只针对二元关系。

基于神经网络的方法能够学习实体之间的交互信息、图的拓扑结构信息等，在关系建模、结构建模等方面提升了表示学习的性能，包括基于卷积神经网络的模型及基于 GNN 的模型等。基于卷积神经网络的模型重点学习一个超关系事实内实体之间的交互信息。基于 GNN 的模型结合关系建模与图结构信息的学习，极大地提升了知识超图表示学习的性能。

现有的知识超图表示学习模型，忽略了实体在超边中的位置信息和关系的动态表示。为此，我们提出了关系动态更新的知识超图表示学习模型(relation-based dynamic learning model based on message passing neural network，RD-MPNN)，能有效地表示超边关系，提升知识超图表示学习性能。如图 2.23 所示，RD-MPNN 主要包括三个部分。

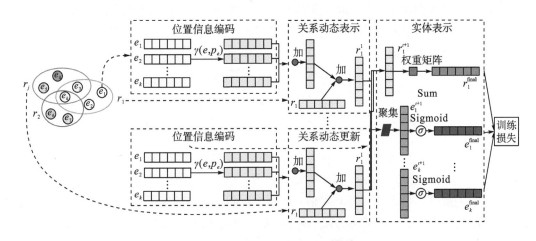

图 2.23　知识超图表示学习模型

位置信息编码：采用深度神经网络编码每个实体在超边中的位置信息，并将位置信息增加到实体的嵌入向量中。

关系动态表示：采用消息传递网络，聚集超边内实体的信息，将其表示为用于关系的动态表示。

实体表示：采用消息传递网络，聚集实体的领域结构信息，更新实体的嵌入表示。

表 2.12 显示了 RD-MPNN 在 JF17K 数据集上的链接预测结果，加粗数值为最佳实验结果。与泛化张量分解(generalizing tensor decomposition，GETD)等多个主流模型相比，本节所提模型性能优越，如与主流的 GETD 模型相比，指标 MRR 改进了 36.1%。

表 2.12　知识超图表示学习性能对比

模型(发表年份)	Hits@1	Hits@3	Hits@10	MRR
M-TransH(2016)	0.206	—	0.463	0.206
RAE(2018)	0.215	—	0.469	0.215
NaLO-Fix(2019)	0.185	—	0.358	0.245

模型(发表年份)	Hits@1	Hits@3	Hits@10	MRR
HINGE(2020)	0.361	—	0.624	0.449
G-MPNN(2020)	0.425	0.537	0.660	0.501
HSimplE(2020)	0.378	0.520	0.645	0.472
HypE(2020)	0.408	0.538	0.656	0.494
GETD(2020)	0.104	0.151	0.258	0.151
ReAIE(2021)	0.454	0.563	0.677	0.530
本节提出的模型 RD-MPNN	0.445	**0.573**	**0.685**	0.512

　　知识超图表示学习旨在将知识超图中的实体、关系表示为低维向量空间中的向量,补全知识超图中缺失的实体或边,是知识推理和应用的基础。RD-MPNN综合考虑了实体的位置信息、关系的动态表示,以及超边的邻域结构。实验结果表明,该模型在链接预测任务上性能优于现有的方法。

2.4　本 章 小 结

　　知识超图突破了传统的数据存储及使用方式,以超图结构呈现各类领域知识,为人工智能技术发展和模型推理提供了坚实的知识支撑。本章对知识超图的基本概念、架构、推理复杂度及关键技术进行了阐述和评估,从知识超图基本概念出发,系统地介绍了知识超图架构,创新性地提出三层架构的知识超图,结合推理模型和推理空间分析了知识推理复杂度,并基于三层架构提出新的知识抽取、挖掘和知识超图构建方法。

参 考 文 献

[1] 田玲, 张谨川, 张晋豪, 等. 知识图谱综述: 表示、构建、推理与知识超图理论[J]. 计算机应用, 2021, 41(8): 2161-2186.

[2] 郑旭, 田玲, 张栗粽, 等. 一种面向文本数据的在线社交平台多元知识获取方法: CN112784049A[P]. 2021-05-11.

[3] Hui B, Liu L, Chen J, et al. Few-shot relation classification by context attention-based prototypical networks with BERT[J]. EURASIP Journal on Wireless Communications and Networking, 2020, 2020(1): 118.

[4] 维基百科. RQ-4 全球鹰侦察机[EB/OL]. [2023-11-14]. https://zh.wikipedia.org/zh-hans/RQ-4 全球鹰侦察机.

[5] 杨雨沛. 面向非结构化文本的事件抽取算法的研究与应用[D]. 成都: 电子科技大学, 2022.

[6] Ji K, Hui B, Luo G. Graph attention networks with local structure awareness for knowledge graph completion[J]. IEEE Access, 2020, 8: 224860-224870.

[7] 田玲, 郑旭, 惠孛, 等. 一种面向社交网络的层次化超维知识图谱构建方法: CN112784064A[P]. 2021-05-11.

第3章　知识超图管理与评估

在前述章节中，对知识图谱和知识超图的概念与技术进行了介绍。本章将进一步探讨知识超图的管理与评估问题，包括知识超图融合、存储与更新、知识超图质量评估等。首先，融合多源异构知识，构建一个全面、准确、可靠的知识超图；其次，在知识超图使用过程中，随着事件的发展更新知识，以确保知识的实时性和可靠性；最后，从知识超图的准确性、完整性、一致性、时效性等方面对其质量和效果开展综合评估。

3.1　知识超图融合

随着人类步入信息爆炸的时代，知识超图凭借其出色的信息组织与时空关系表示能力，逐渐成为驱动各类人工智能应用的重要技术。知识超图应用广泛，覆盖了社交网络、生物医学、灾害搜救，甚至军事侦察等诸多领域，促进了语义搜索、自然语言问答、智能推荐及推理决策等应用的发展。对于特定领域的知识超图，可以将其视为该领域的人类专家，如果能将这些专家组织在一起，让他们共同讨论、研究并达成共识，那么我们就有能力解决更为复杂的问题。因此，知识融合在一定程度上体现了知识超图学习人类专家集体智慧的过程。

然而，不同领域、机构或个人构建的图谱存在差异和多样性。以无人机为例，假设要了解无人机的相关信息，用户可能会浏览多个网站，并比较无人机的名称型号、平台构型、尺寸大小、性能参数等。每个网站可能使用不同的术语来描述相同的产品特征，如续航时间和飞行时间，实际上两者指的都是续航能力。如果能将多个现有的无人机图谱高质量地链接起来，并在顶层创建一个大规模的统一图谱，那么用户在所有网站都能看到一致的无人机特性描述。这样一来，图谱融合的意义就体现出来了，它能帮助用户更好地利用现有知识，理解整个无人机领域。

在本书提出的知识超图三层架构中，概念层描述的是概念与概念之间的关系，实例层描述的是实例与实例、实例属性与实例之间的关系。知识超图融合主要包括了概念层和实例层两个层面的融合。接下来将首先介绍知识超图融合任务的定义，然后探讨知识超图融合的相关技术。

3.1.1　知识超图融合任务的定义

自从知识图谱的概念被提出以来，已经形成了许多不同语言和资源的知识图谱，如

Wikipedia、WordNet、ConceptNet 等。然而，现有的知识图谱普遍面临着两大主要挑战。一是覆盖度问题，由于不同的知识图谱由不同的组织利用不同的数据源构建，因此单个知识图谱所涵盖的知识往往是有限的，并且不同的知识图谱之间可能存在部分重复的知识。二是多语言差异问题，为了支持多语言应用，大量的多语言知识图谱和面向特定语言的知识图谱被构建，其中，为了保证知识完整性和组织效率，跨语言知识图谱的整合成为重要的任务。

跨资源和跨语言的知识对齐是建立统一知识图谱的关键，它可以帮助人们在不同表达间处理实体和关系。然而，要达到高质量的知识对齐，人力资源的投入是巨大的。特别是在当今知识图谱规模常常达到十亿级别的情况下，仅仅依靠人力实现大规模的知识对齐极为困难。近年来，知识图谱自动化融合已经成为一个重要的研究方向，知识图谱融合流程实例如图 3.1 所示。

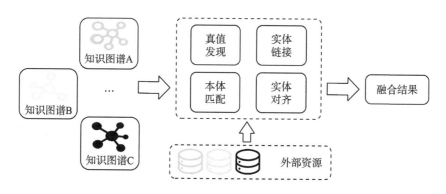

图 3.1　知识图谱融合流程实例

假设有两个关于军用无人机的知识图谱，分别来自不同的数据源，可以通过如下方法将它们融合为一个统一的知识图谱。

(1)通过真值发现判断文本提供信息的真实性。数据源提供真值的次数越多，则其可靠性就越高。同理，如果一条信息被越多高可靠性的数据源支持，那么它为真值的概率就越高。例如，一个数据源提供某 M 型无人机的最大飞行速度为 "400km/h"，而另一个数据源记录其最大飞行速度为 "480km/h"。通过真值发现，可以解决这种矛盾，确定每个事实的真实性。

(2)通过实体链接将文本中的实体链接到知识图谱的对应节点。例如，有一段新的文本提到了 "某 M 型无人机"，即实体提及(entity mention)为 "某 M 型无人机"，实体链接的任务就是将这个实体提及链接到知识图谱中代表 "某 M 型无人机" 的实体节点。通过实体链接，可以将非结构化的文本信息与结构化的知识图谱信息连接起来。

(3)通过本体匹配找出两个知识图谱中的相同概念和关系。例如，一个图谱可能将 "某 M 型无人机" 的本体描述为 "无人机"，而另一个图谱可能将其描述为 "飞行器"。通过本体匹配，可以利用层级结构关系识别出同一本体的不同表述形式，为接下来的知识融合打下基础。

(4)通过实体对齐找出两个知识图谱中表示同一实体的节点。例如，一个图谱可能使用"某 M 型无人机"表示某种无人机，而另一个图谱可能使用"M 型号无人飞行器"表示该型无人机，如果两个无人机的属性与类别描述一致，那么它们可能为同一个实体。通过实体对齐，可以确定这两个节点实际上表示的是同一种无人机。

3.1.2　真值发现

真值发现的主要目的是确定数据源提供信息的真实性，可以提高知识图谱的信息质量，增强其在各类人工智能应用中的智慧，防止误导和欺诈行为。面对多元化的知识来源和表述方式，真值发现成为保障知识图谱质量和推动其应用发展的关键手段。现有主流单源真值发现方法在对文本信息进行分析的同时，结合信息来源、传播媒介及传播者等外部信息进行真假性检测。可以将其归类为信息来源分析、信息内容检测和社交上下文环境分析三类方法。

信息来源分析方法认为假信息在整个网络空间上并不是自主进行传播的，而是有着人为的背后操作。现有信息来源追溯方式主要有信息发布时间、发布地点、发布人的网络地址等，通过对存在疑点信息的标记来完成信息真实性的判别。但基于上述方式的判别方法需要有一个全面的网络地址黑白名单，而构造和维护一个健全的网络地址黑白名单十分困难。

信息内容检测方法主要关注信息本身内容，通过分析和比较信息的语义、结构、情感等特征来判断信息的真实性。该方法通常使用自然语言处理技术(如文本分类、文本相似度比较、主题模型、情感分析等)及机器学习模型(如决策树、支持向量机、神经网络等)，从信息内容中提取有用的特征，并基于这些特征进行真假判断。然而，该方法可能受到诸如讽刺、谣言、误导性言论等复杂文本表达方式的影响，因此检测结果的准确性较低。

社交上下文环境分析方法结合信息发布用户和信息传播用户所存在的社交行为来提高虚假信息检测的准确性，包括信息的传播路径、传播者的信誉、用户的互动行为等，以此为依据进行真假性判断。该方法通常结合社交网络分析技术和复杂网络理论，模型化地分析信息的传播模式和社交网络的结构特性。然而，该方法可能受到社交网络动态变化和用户行为的多样性等因素的影响，使得真假信息的检测成为一项具有挑战性的任务。

基于以上分析不难发现，当前真值发现仍然存在众多挑战：首先，在现有网络信息中存在大量被人恶意篡改发布的虚假信息，而这些虚假信息往往不能仅通过分析文本信息内容得到其正确的真实性判别结果；其次，外部信息包含着文本内容所不能表示的信息，现有方法缺少能同时结合外部信息和文本内容进行真值发现的有效框架。

针对上述问题，本节提出一个基于外部信息融合的单源真值发现(external information fusion based single-source truth discovery，EIFSTD)算法[1]。利用大规模预训练模型对文本语义信息进行表示，再采用图卷积网络对文本传播信息和文本发布者之间存在的关系进行建模分析，最后基于两种分析信息的多层感知机来对结果进行判别，实现了内外部信息结合的真值发现。本节提出的 EIFSTD 模型如图 3.2 所示，可以分为如下四个子模块。

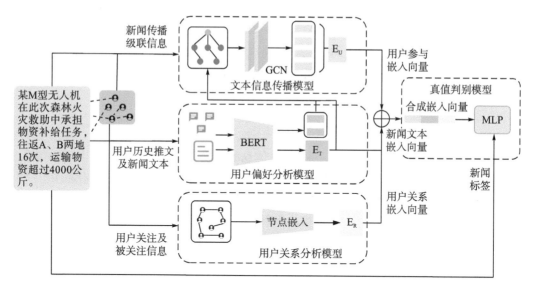

图 3.2　本节提出的 EIFSTD 算法

（1）文本信息传播模型。利用图卷积网络对文本传播信息进行表征学习，将新闻发布者的节点特征设为新闻文本嵌入向量，转发者节点特征设为用户的内在偏好表示向量。然后构建一个完整的文本传播图，通过时间戳和关注者数量来确定推文的传播源。基于此传播图，以用户参与嵌入向量和新闻文本嵌入向量作为输入特征，通过两层图卷积网络进行卷积学习，最终生成每个节点在嵌入空间的表示向量。这个过程有效地捕捉与学习了文本传播中的复杂模式和关系。

（2）用户偏好分析模型。为了更准确地建模用户的潜在偏好，采集了每个账户最近的 K 条推文作为历史信息来源。在处理账户被暂停或删除情况时，采取了从可访问用户的推文中随机采样的方法。接着对每条推文进行编码并求平均值，以获取代表用户偏好的向量。最终生成新闻文本嵌入向量，以及代表用户内在偏好的历史推文信息嵌入向量。

（3）用户关系分析模型。通过节点向量化方法对新闻发布用户的社交关系进行表征学习，构建用户关系图，其中，节点代表用户，边代表两个用户之间的关注关系。在此基础上，利用节点向量化方法对新闻传播者节点进行学习嵌入，得到其在社交网络中的嵌入表示向量。由于计算成本高，模型采用了负采样技术进行优化，并对经典向量化方法中的随机游走采样策略进行了改进，从而更精准地捕获用户在社交网络中的位置和关系。

（4）真值判别模型。设计了一个多模块融合模型，首先通过用户偏好分析模型、文本信息传播模型和用户关系分析模型，分别获取新闻文本嵌入向量、用户参与嵌入向量及用户关系嵌入向量。然后，将这三个向量进行融合，作为多层感知机神经网络分类器的输入，实现对用户偏好、文本信息传播和用户关系的综合分析，以提高分类预测的准确性。

我们在 PolitiFact 数据集和 GossipCop 数据集测试了本节所提出的模型，结果如表 3.1 所示，加粗数值为最佳实验结果。

表 **3.1**　真值发现实验结果

模型(发表年份)	PolitiFact 数据集		GossipCop 数据集	
	ACC/%	F1/%	ACC/%	F1/%
SAFE (2017)	73.30	72.87	77.37	77.19
CSI (2020)	76.02	75.99	75.20	75.01
BERT+MLP (2020)	71.04	71.03	85.20	85.75
Word2vec+MLP (2020)	76.47	76.36	84.61	84.59
GNN-CL (2020)	62.90	62.25	95.11	95.09
GCNFN (2020)	83.16	83.56	96.38	96.36
UPFD (2021)	84.62	84.65	97.23	97.22
本节提出的模型 EIFSTD	**85.01**	**84.92**	**97.66**	**97.53**

通过实验结果可知，本章提出的模型在 PolitiFact 和 GossipCop 数据集上均有很好的表现。本节提出的模型优于 UPFD 等模型，在 PolitiFact 与 GossipCop 数据集上的准确率分别达到了 85.01%和 97.66%。

3.1.3　实体链接

实体链接旨在将文本中的实体提及链接到知识库中的实体，从而实现实体的识别与消歧。例如，获得了一条消息：“A 国空军于 2023 年 3 月 7 日采购了 3 架某 M 型无人机……”在这个句子中，首先需要识别出两个实体提及：“A 国空军”和“某 M 型无人机”。然后，可以依赖句子的语境及外部知识库找到这两个实体提及的指称，如“A 国空军”指的是 A 国的一个军事组织，而“某 M 型无人机”是一种军用无人机。最后，把这两个消歧后的实体提及链接到知识库中相应的实体，并在超图中增加相应的超边“A 国军备采购{A 国空军，2023 年 3 月 7 日，某 M 型无人机}”来存储这条消息，如图 3.3 所示。实体链接有助于将非结构化文本数据与结构化知识库中的实体建立联系，从而为后续的信息检索、问答系统和智能决策等应用提供智能化支持。

实体链接可以分为三类：基于规则的方法、基于机器学习的方法和基于深度学习的方法。基于规则的方法主要依赖人工制定的规则和启发式方法，如字符串匹配、编辑距离等。该方法可能会误链接一些拼写相似但实际意义不同的实体。基于机器学习的方法主要通过学习训练数据中的模式来完成实体链接任务。该方法具有较好的泛化能力，但特征工程烦琐且需要大量标注数据进行训练，而这些特征可能仍无法完全地捕获实体的语义信息。基于深度学习的方法主要使用神经网络模型，如卷积神经网络、循环神经网络等进行实体链接。近年来，基于深度学习的方法在实体链接任务中取得了显著的成效。该方法的优势在于能够充分地利用预训练模型的丰富语义表示能力来提高实体链接的准确性。

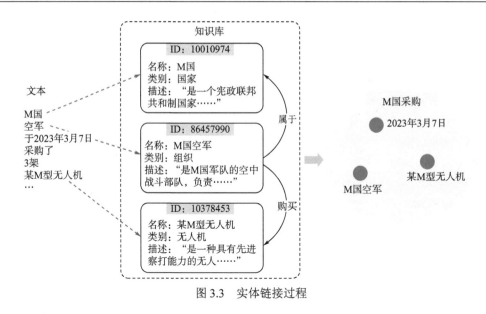

图 3.3   实体链接过程

目前实体链接模型大多缺乏对文本噪声的处理和对语义特征的准确表达，且忽视了知识图谱本身的丰富信息，导致实体链接的效果不佳。为了将文本中的实体准确地链接到知识库中的实体，我们提出了多信息融合的集体实体链接（collective entity link for multi-information fusion，CELMF）算法[2]，如图 3.4 所示。首先，提取实体及内部语义特征，与实体描述的特征进行交互，从而减少噪声并突出关键词；其次，结合学习集体级别的自注意力特征来解决语义信息丢失的问题；最后，分析和提取候选实体间的丰富特征，充分地刻画候选实体间的关联。

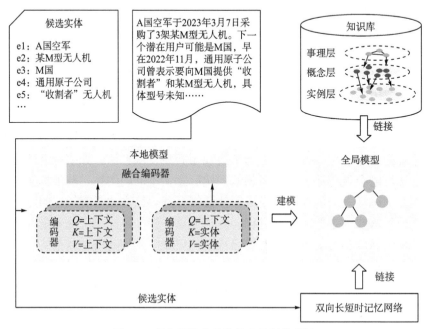

图 3.4   多信息融合的集体实体链接算法

具体分为如下三个步骤。

(1)构建信息异构图。构建一个基于文档级的信息异构图，将候选实体和实体的邻居作为节点，并依据多种信息边来链接这些节点。在构建的异构图上用精心设计的随机游走算法对集体一致性进行编码，使得信息可以沿着信息图结构传播，并鼓励不同类型的信息之间进行充分的交互。

(2)设计双向注意力。为了生成不同候选实体间的语义相似度，通过双向注意力计算两段文本中的片段与片段之间的相似度。两个文本中的相似片段数量越多，并且片段与片段之间的相似度越高，那么两个候选实体应该具有越高的相似度，它们之间的信息传递就应该越多，双向注意力可以减少因汇总而导致的注意力信号缺失。

(3)计算集体链接分数。将经过双向长短时记忆网络编码的候选实体描述和上下文输入到注意力交互层，该层从两个角度计算注意力。对于候选实体描述中的单词使用上下文对其句子编码进行优化，提高词意最接近最相关的词在句子表示中的语义比重。

其中的本地模型使用了多视角注意力机制的局部实体链接算法，综合考虑了上下文和实体描述，提取了关键语义并从多个角度进行了交互，算法的结构如图 3.5 所示。

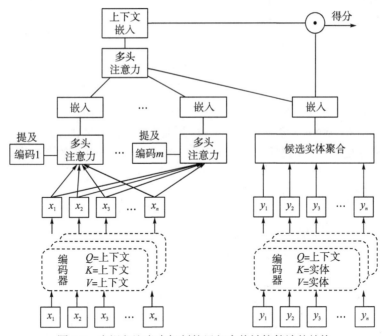

图 3.5 多视角注意力机制的局部实体链接算法的结构

首先，对上下文和候选实体的描述文本进行编码。利用两个独立的多层堆叠编码器分别进行词嵌入，将转化后的向量与位置编码相加，再通过多头注意力得到每个输入的嵌入表示。

然后，将上下文嵌入和候选实体嵌入进行融合。上下文序列经过编码器转换为向量序列，通过全局注意力机制，将全局信息编码到每个位置的表示中，并由一个变换函数将所有位置的向量表示聚合为一个全局向量表示。计算上下文全局向量表示与候选实体嵌入表示的相似度得分，以确定实体链接的置信度。

CELMF 算法引入了深度编码网络并结合自注意力机制，分别关注实体相关的上下文与中心语义高度相关的词或片段，并在编码阶段修改深度网络的输入，关注候选实体描述中与实体相关的词或片段，利用上下文辅助候选实体描述建模。同时，该模型还引入了融合编码器结构，通过集体级别的注意力，尽可能地保留编码阶段输出的信息，解决因丢失过多细粒度的信息而导致无法完成更精准匹配的问题。不同集体实体链接模型在五个测试数据集的实验结果如表 3.2 所示，本节提出的 CELMF 模型取得了最优的效果。

表 3.2   不同集体实体链接模型在五个测试数据集的实验结果

算法名称（发表年份）	MSNBC/%	AQUAINT/%	ACE2004/%	CWEB/%	WIKI/%
AIDA AL（2017）	79.00	56.00	80.00	58.60	63.00
Glow（2018）	75.00	83.00	82.00	56.20	67.20
RI（2018）	90.00	90.00	86.00	67.50	73.40
WNED（2020）	92.00	87.00	88.00	77.00	84.50
Deep-ED（2020）	93.70	88.50	88.50	77.90	77.50
GNED（2021）	95.50	91.60	90.14	77.50	78.50
本节提出的 CELMF 模型	**95.85**	**92.95**	**91.40**	**81.50**	**85.90**

由实验结果可知，本节提出的 CELMF 模型在 MSNBC 等数据集上均有很好的表现。实体链接准确率优于 GNED 等主流算法，在 MSNBC、AQUAINT、ACE2004 三个数据集上的准确率分别为 95.85%、92.95%、91.40%。此外，在 CWEB、WIKI 两个数据集上，相较于 Deep-ED 和 WNED 分别提升了 3.6 个百分点和 1.4 个百分点。可见本节提出的 CELMF 模型能够更加全面地利用上下文信息，从而提升实体链接的准确率。

3.1.4   本体匹配

本体匹配为知识图谱融合提供了概念层面的对齐，旨在发现不同知识图谱中相似的概念。根据使用的技术不同，传统本体匹配可以分为基于术语匹配的本体层匹配和基于结构特征的本体层匹配。

基于术语匹配的本体层匹配，其核心思想是通过比较本体的标签、名称等文本间相似性，实现本体对齐。基于术语的方法只考虑了术语文本之间的差异，能够在大多数情况下实现较好的匹配效果，但可能会受到语言差异、同义词和多义词等问题的影响。

基于结构特征的本体层匹配，其核心思想是基于本体结构图中包含的概念、属性等信息，补充文本信息不足的问题。基于本体结构的匹配，可以利用不同本体包含的结构信息来补充术语匹配的不足，因此在处理语言差异、同义词和多义词等问题时，通常能够取得更好的效果。但该方法需要本体具有足够的结构信息，如果本体的结构信息不完整或缺失，那么该方法的效果可能会受到影响。

针对传统本体匹配方法的不足，我们正在进行相关研究并提出相似度度量融合的本体匹配算法。该算法通过组合多种相似度度量算法筛选出待匹配本体集合，并使用阈值过滤与最优匹配算法来提高匹配的准确性和质量。该算法包括本体预处理、多种相似度度量融合、相似度阈值过滤、最优匹配算法等四个步骤，算法框架如图 3.6 所示。

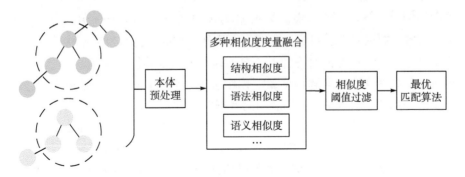

图 3.6　相似度度量融合的本体匹配算法框架

首先，通过本体预处理将待匹配本体进行清理和标准化，包括删除无用的信息及将所有的标签和注释转换为标准格式，确定本体匹配的顺序。这个步骤的目标是确保本体在接下来的步骤中可以被正确且有效地进行处理。

其次，通过多种相似度度量融合筛选出待匹配本体集合。例如，结构相似度利用本体层次表示形式，选出本体层中结构相似概念集合，可以根据子图匹配算法的结果计算得出；语法相似度选出本体层中术语文本相似概念集合，可以通过同义词词典或文本相似计算等方法获得。这个步骤的目标是进行多种相似度度量，选出待聚合的概念集合。

然后，通过相似度阈值过滤确定最终需要进行匹配的集合。具体地，使用预设的阈值，对不同相似度度量选出的结果进行过滤，选出高度相似的本体对，并把不同相似度度量选出的本体集合进行聚合和重新赋权。这个步骤的目标是综合多个相似度度量的结果，确定最终需要进行匹配的实体对。

最后，通过最优匹配算法找出最优的本体匹配结果。例如，网络最大流算法通过增加流出节点和流入节点，把相似度度量得到的权重作为路径的容量，将匹配问题建模为最大流问题。

该算法的主要优点是能够结合多种相似度度量方法，提高匹配的准确性和质量，并且可以根据实际情况选择相似度度量算法和最优匹配算法的组合，提高本体匹配的灵活性与适应性。

3.1.5　实体融合

实体融合又称为实体对齐，是指在不同知识图谱中找到表示相同现实对象实体的任务。在实体融合中，可以通过比较实体属性和类别描述的一致性来判断实体是否相同。如果多个实体在属性描述和类别描述上高度一致或相似，那么可以认为它们表示同一个现实世界的实体。实体融合在知识图谱构建和融合中起着基础性的作用，并支持许多下游任务，如语义搜索、问答、推荐系统等。

知识图谱可以形式化地表示为 $G=(E,R,T)$，其中，E 表示实体集合，R 表示关系集合，T 表示事实三元组集合。一个事实三元组 (h,r,t) 中，头实体 $h \in E$，关系 $r \in R$，尾实体 $t \in E$。实体对齐任务可以定义为给定两个知识图谱 $G_1=(E_1,R_1,T_1)$ 和 $G_2=(E_2,R_2,T_2)$，在这两个图谱间发现等价实体对集合 $S=\{(e_1,e_2 \mid e_1 \in E_1, e_2 \in E_2, e_1 \leftrightarrow e_2)\}$，其中，$\leftrightarrow$ 代表两者等价。通常，知识图谱之间的部分等价实体是已知的，也称为对齐种子。实体对齐任务可以简单理解为基于已知的对齐种子，自动地发现更多等价的实体。

目前实体对齐存在许多问题和挑战，不同的知识源之间可能存在数据格式、数据结构和数据语义等方面的差异，使得它们之间的数据难以融合。知识共享的需求也推动了实体对齐的发展，但是存在本质相同的实体在不同的知识源中有不同的表示方式和命名方式。一般而言，实体对齐算法可以分为基于表示学习、基于无监督两大类。

基于表示学习的实体对齐的核心思想是将知识图谱中的实体和关系都映射成低维空间向量，并直接用数学表达式计算实体间相似度。例如，对于三元组<诺思罗普·格鲁曼公司，生产，R 型无人机>和<诺思罗普·格鲁曼公司，研制，R 型无人飞行器>，可以发现"R 型无人机"和"R 型无人飞行器"在低维空间的距离很近。首先，基于距离的轴校准的思想，假设每种语言中的相同实体在向量空间上非常接近。其次，利用知识表示学习模型，优化向量平移并对齐目标。最后，基于两个线性转换优化目标，约束不同知识图谱的实体表示。在进行对齐任务时，针对需要对齐的实体，只进行跨语言转换并搜索向量空间中最近的向量，该向量对应的实体即认为是对齐实体。

基于无监督的实体对齐的核心思想是通过结构和属性信息相互监督，从而实现实体对齐，并且不需要进行实体的预先匹配。首先，利用谓词对齐模块找到部分相似的谓词，如"研发"和"研制"，并使用统一的命名方案对它们进行重命名，如统一命名为"研制"。然后通过嵌入学习模块学习结构嵌入和属性嵌入，进而联合学习两个知识图谱的实体嵌入。其中，结构嵌入通过关系三元组学习得到，属性嵌入通过属性三元组学习得到。在获得嵌入后，实体对齐模块通过对相似度进行计算，判定相似度超过阈值的为对齐实体。

大多数现有的基于表示的实体对齐方法没有充分地考虑实体之间的多重关系，导致知识图谱的结构信息没有得到充分的利用，并且在进行实体匹配时，将属于不同本体的实体进行匹配是不符合实际情况的。因此，本节提出基于结构感知的实体对齐算法，并在实体对齐的候选对齐结果筛选阶段引入本体匹配知识，即在相同本体的条件下进行候选实体的选择，其结构如图 3.7 所示。

首先，对知识图谱进行图卷积。知识图谱中的实体和关系可能涉及多重关联，GNN 通过深度学习能够有效地捕捉图结构信息，理解和表示实体间的复杂关系。此外，GNN 通过学习和预测图结构，能更好地理解和揭示知识图谱中的复杂模式，从而提供深层次的知识表示。

其次，融合实体关系信息。假设关系的表示与实体的表示应该具有不同的信息量和信息空间，对实体嵌入应用线性转换并引入带注意力权重的关系嵌入表示。将实体嵌入与关系嵌入进行向量拼接后，通过图注意力网络进行信息融合，得到实体关系联合表示。将三者再次进行向量拼接，得到每一个实体的结构感知嵌入表示。

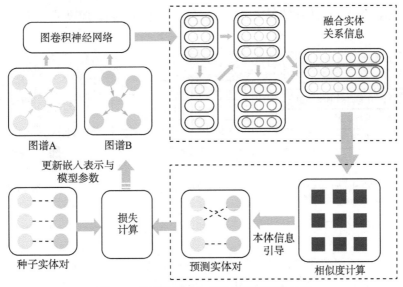

图 3.7　基于结构感知的实体对齐算法结构

然后，本体信息引导实体对齐。本体信息提供了额外的语义上下文，有助于更准确地识别和匹配不同知识图谱中的相同实体。具体地，利用实体的结构感知嵌入表示计算不同知识图谱中实体对的相似度，并依据本体信息引导同类实体进行匹配，从而避免由结构相似的不同类别实体导致的误匹配。

最后，通过种子实体对计算损失。种子实体对是指在不同知识图谱中已知的匹配实体对，它们是实体对齐任务的一部分已知标签。对于每个种子实体对，模型预测的匹配概率应该接近 1，而对于不匹配的实体对，预测的匹配概率应该接近 0，从而计算损失来训练和优化所提出的模型，使模型可以学习如何更准确地对齐实体。

总体而言，本节所提出模型的主要优点为能够深度挖掘并理解知识图谱的复杂关系，有效地融合知识图谱的结构信息和本体信息。本体信息的引导使得对齐过程更精确，避免了结构相似但语义不同的实体误匹配。

3.2　存储与更新

知识超图的基本数据模型是有向标记图，因此其存储需要综合地考虑知识的图结构、索引和查询优化等问题。早期的存储方式是关系型数据库，后来由于知识推理的需求，关系型数据库在推理时的多表关联操作导致查询效率低，无法满足智慧智能化应用的需求。关系型数据库存在推理查询慢、消耗大的缺点，因此基于图数据库的存储更符合需求，知识图谱的存储方式如图 3.8 所示。

以无人机机型为例，假设想要对比无人机的性能，用户需要了解各种无人机的名称型号、平台构型、尺寸参数、性能参数等相关信息。这些信息就是知识，而知识图谱则是存储和组织这些知识的有效工具。知识存储将相关实体，如无人机名称型号、平台构型、尺寸参数等，以结构化的形式存储起来。当进行信息检索时，知识图谱能够快速地提供所需的数据。

〈型号A，携带，涡扇发动机〉			
〈型号A，机身长度，14.5m〉			
〈型号A，巡航速度，635km/h〉			

ID	名称	机宽	机长
1	型号B	20.1m	11m
2	型号C	14.8m	8.22m
3	型号D	3.05m	1.22m

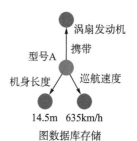

资源描述框架(resource description framework, RDF)三元组存储　　　关系型数据库存储　　　图数据库存储

图 3.8　知识图谱的存储方式

同时，知识是不断变化的，因此知识更新便显得尤为重要。例如，新型无人机研制、部分型号调整等情况会时常发生。知识更新是一个持续维护和更新知识图谱中信息的过程，包括新增、修改和删除实体、关系等信息，从而使知识图谱中的数据始终保持最新的状态，为用户提供及时的信息。在更广泛的应用领域，知识存储与更新同样发挥着关键的作用，为各种业务场景提供强大的数据支持。

3.2.1　关系数据库存储

将知识图谱存储在关系数据库中，实体可以表示为表中的行，属性和关系可以表示为列。在这种情况下，表的外键可以表示实体间的关系，同时通过连接操作查询相关的实体。然而，这种方法可能在表达复杂关系和高效查询方面受到限制，因为关系数据库的设计原则与知识图谱的需求和图结构特点并不完全吻合。早期采用关系数据库存储知识图谱，主要分为基于三元组表的图谱存储、基于属性表的图谱存储和基于全索引结构的图谱存储。

基于三元组表的图谱存储是最直接的知识图谱存储方式，如图3.9所示。利用关系数据库，建立一张包含<主语，谓语，宾语>三列的表，然后把所有的三元组存储其中。这种方法由于操作过程简单，目前仍然在部分知识图谱项目采用。但其最大的问题是查询计算效率很低。例如，给定一个有多重关联约束的查询，需要把它翻译成对应的结构化查询语言(structure query language，SQL)查询，不难发现其中包含非常多的自连接查询，导致查询效率十分低下。

〈型号A，携带，涡扇发动机〉			
〈型号A，机身长度，14.5m〉			
〈型号A，巡航速度，635km/h〉			

主语	谓语	宾语
型号A	携带	涡扇发动机
型号A	机身长度	14.5m
型号A	巡航速度	635km/h

三元组　　　　　　　　　　　　　　　　三元组表存储

图 3.9　三元组表图谱存储

基于属性表的图谱存储的基本思想是以实体类型为中心，把属于同一个实体类型的属性组织成一个表进行存储。这样的优点是连接操作减少了，并且可以复用大部分关系数据库的功能。缺点是会产生很多空值。因为知识图谱与关系模型不一样，同一类型的实体包含的属性类型可能差异很大，因而这种存储方式会产生大量的空值。另外一个缺点是它的实现高度依赖基于实体的合理聚类，而这个聚类计算并不容易，且对于多值属性，聚类计算更加复杂。

基于全索引结构的图谱存储维护一张包含<主语，谓语，宾语>的三列表，并增加了多个方面的优化手段。第一个优化手段是建立映射表，即将相同的字符串映射为唯一的数字标识，三列表中不再存储真实的字符串，而是只存储对应的唯一数字标识，通过这种方式可以大大压缩存储空间。进一步优化手段是建立六重索引，即分别建立主谓宾、主宾谓、谓主宾、谓宾主、宾谓主、宾主谓六个方面的全索引。多种形式的索引覆盖了多个维度的图查询需求，可以方便地从主语检索宾语，也可以方便地从谓语检索主语等。同时，所有三元组基于字符串排序，并进行了索引优化，提高了检索效率。

3.2.2　图数据库存储

关系数据库在实际使用时有一些不足之处。它将语义关联关系隐藏在外键结构中，没有显式的表达方式，导致并联查询和计算复杂。此外，关系数据库的模式层设计较为固定，无法适用不同数据源的存储需求。由于关系数据库需要定义表结构后再存储数据，对于包含很多离群数据的场景，关系模型要做很多表连接、稀疏行处理和空值处理。另外，互联网的开放世界假设要求数据模型能够动态地适应和扩充数据，但关系模型的范式要求限制了模式层的动态性。这些都导致了关系模型无法用接近自然语言的方式来描述客观世界，从而造成了概念化的世界模型和数据的物理存储之间的不匹配。

例如，无人机构建的监控系统中每个无人机需要与其他无人机、监控站点、通信设备等进行复杂的互动，这些互动关系在关系数据库中难以高效地表示和处理。即使在关系数据库中可以通过外键关联查询某种关系，但要找出与之关联的所有实体，就需要遍历整个表并进行一一比对，这在效率上显然不尽如人意。更为重要的是，当处理多跳查询时，关系数据库需要进行大量连接计算，计算的复杂度还会随着跳数的增加呈指数级增长。在一个具体评测任务中，假设有 100 万个用户，每个用户大约有 50 个朋友，要求查询 5 跳范围内的朋友关系，多跳查询时关系型数据库与图数据库的效率对比如表 3.3 所示。

表 3.3　多跳查询时关系型数据库与图数据库的效率对比

跳数	关系型数据库耗时/s	图数据库耗时/s	返回结果数/次
2	0.016	0.01	约 2500
3	30.267	0.168	约 110000
4	1543.505	1.359	约 600000
5	未完成	2.232	约 800000

相比之下，图数据库就能更好地处理这些问题。它们能够刻画更丰富的语义表达和关系推理能力，使得数据之间的关系更加深入和丰富。例如，自反关系、多跳关系、传递关系、对称关系、反关系和函数关系等都可以被图数据库处理。此外，图数据库的关系建模能力还能提供关联推理的能力。

目前，图数据库的技术与工具正在逐步研究和完善，已经成为知识图谱存储和查询引擎搭建的标准基础设施。在图数据库中，实体和关系的地位是相同的，这与关系数据库中的情况不同，因为在关系数据库中，属性都是从属于某个表的，而实体关系又被隐藏在外键定义中。然而，在图数据库中，关系是显式描述和定义的，属性也可以单独定义，不需要一定要属于某个类别。图 3.10 为 Neo4j 图数据库存储知识图谱。图数据库中的属性、关系和实体类型的地位是平等的，这极大地增强了数据建模的灵活性。

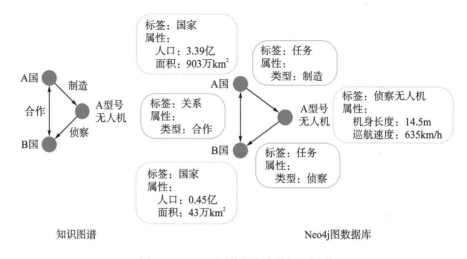

图 3.10　Neo4j 图数据库存储知识图谱

图数据库可以利用图的结构特性来建立索引，优化查询。例如，它可以用一个邻接列表来表示图，用一个邻接关系表来表示相邻关系，然后在这个邻接关系表上建立索引，优化查询。此外，图数据库模型还带来了很多优点。首先，图是描述事物关系的自然方式，更符合人脑对客观事物的记忆方式；其次，图数据库易于扩展，只要增加实体和关系就可以更新描述；再次，图模型可以方便地表达复杂关联逻辑的查询；最后，图模型在处理多跳查询时，比关系数据库更快更高效。

3.2.3　知识超图更新

知识图谱的更新对于确保其准确性和完整性非常关键。随着知识的不断更新和应用场景的扩展，知识图谱中的实体、关系、属性等信息需要持续更新和维护。否则，知识图谱中的信息可能过时、不准确，甚至出现错误，从而影响基于知识图谱的应用和决策，因此有效的知识图谱更新至关重要。但随着知识图谱规模的扩大，更新过程变得越来越复杂和困难，高效地进行知识图谱更新成为一个重要的研究问题。

知识更新分为模式层更新和实例层更新两种更新层次，以及全面更新和增量更新两种更新方式，如表 3.4 所示。

表 3.4　知识更新内容

知识更新	类型	更新内容
更新层次	模式层更新	知识类更新，如概念、实体、关系、属性等
	实例层更新	具体知识(三元组)更新
更新方式	全面更新	将新知识与原知识全部结合，重新构建图谱
	增量更新	将新知识作为输入数据，加入现有知识图谱中

知识更新层次包括模式层更新和实例层更新。当新增的知识中包含了概念、实体、关系、属性及其类型变化时，需要在模式层中更新知识图谱的数据结构，包括对实体、概念、关系、属性及其类型的增、删、改操作。一般而言，模式层更新需要人工定义规则来表示复杂的约束关系。实例层更新主要是指新增实体或更新现有实体的关系、属性值等信息，更新对象为具体知识，如三元组，更新操作一般通过知识图谱构建技术自动完成。在进行更新前，需要经过知识融合、知识加工等步骤，保证数据的可靠性和有效性。

全面更新指将更新知识与原有的全部知识作为输入数据，重新构建知识图谱。当知识图谱中的数据结构发生较大变化时，如无人机的零部件调整，需要删除整个知识图谱并重新构建。全面更新涉及新增、修改、删除等操作。全面更新方法操作简单，但消耗资源大，所以适用于数据量较小但结构复杂的场景。增量更新只以新增的知识作为输入数据，在已有的知识图谱基础上增加知识。例如，当加入新研制的无人机信息时，可以在原有知识图谱的基础上添加新的实体，如新的无人机型号、新的旋翼、新的发动机等，关系如无人机-旋翼、无人机-发动机等，属性信息如空气流量、最大推力等。增量更新不会影响已有数据，适用于实时数据的更新，但是技术实现较为困难，且需要大量的人工定义规则。

图 3.11 为知识更新示意图。

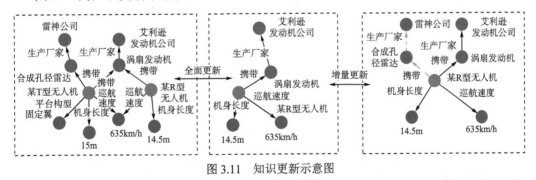

图 3.11　知识更新示意图

知识图谱的动态更新并非一件易事。首先，知识图谱中的信息很多时候是不完整或不准确的，因此在进行更新时需要考虑信息的来源和置信度，避免不准确信息导致的更新错误。其次，在大规模的知识图谱中，更新速度也成为一个问题，如果每次更新都要遍历整个图谱，那么会导致更新效率非常低下。

针对这些问题，我们正在进行相关研究并提出一种知识图谱动态更新算法。该算法旨在解决现有算法中存在的更新速度慢、准确度低等问题。首先，本节设计一种基于增量更新的策略。与传统的全量更新方式不同，该策略只更新发生了变化的部分，避免对整个图谱的遍历和更新，从而大大提高了更新效率。其次，本节采用一种基于置信度的更新策略，即对每个三元组的置信度进行评估，根据置信度的大小决定是否进行更新操作。在进行更新时，还考虑了三元组来源的置信度，对可疑来源的信息进行排除或标记，从而避免了因不准确信息而导致的更新错误。知识图谱动态更新算法总体流程如图 3.12 所示，该算法不仅考虑了知识的增量更新，还考虑知识图谱中三元组的来源和置信度，并根据这些信息对来源和三元组的置信度进行评估。

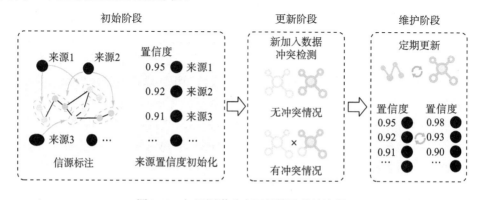

图 3.12 知识图谱动态更新算法总体流程

首先，在初始阶段，信息经过真值判断后准备加入数据库。每个知识都有来源信息，在初始的知识库中，统计每个数据源对知识库的贡献比例，作为数据源的初始置信度。若一个数据源的三元组可以通过多个置信度较高的数据源进行验证，则这个数据源的置信度较高。若一个三元组可以通过多个独立数据源进行交叉验证，则这个三元组的置信度也较高。因此，这一阶段主要由专家人工干预，依据数据源之间的相互引用关系赋予数据源的初始置信度。

其次，在更新阶段，对于新加入的知识，其置信度与来源的置信度相同，同时默认给新的来源赋予较低的初始置信度，如图 3.13 所示。如果新加入的知识与原来的知识库的知识有冲突，那么通过比较知识的置信度，保留高置信度的知识，拒绝低置信度的知识；如果新加入的知识与原来的知识库的知识没有冲突，那么默认接受新的知识。同时，根据一个数据源被删除和更新的三元组数，对数据源的初始置信度进行相应的奖惩。例如，一个三元组同时从数据源 1 和 2 可以获得。数据源 1 的置信度是 P_1，数据源 2 的置信度是 P_2，且不同数据源的错误相互独立。根据概率论中的乘法原理，如果两个事件 A 和 B 相互独立，则事件 A 和 B 同时发生的概率就是事件 A 发生的概率乘以事件 B 发生的概率。那么它们都犯错的概率就是 $(1-P_1)\times(1-P_2)$。因此，可以重新评估该三元组的置信度为 $1-(1-P_1)\times(1-P_2)$。

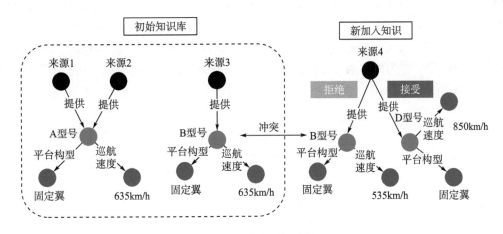

图 3.13 动态更新过程

最后，在维护阶段，新加入的知识量到达给定阈值后，更新当前知识库的来源置信度。具体地，需要定期审查知识库中的数据，并根据新的信息或数据更新数据源的置信度。如果某个数据源的知识经常被证明是不准确或过时的，那么这个数据源的置信度将会降低。相反，如果某个数据源提供的知识经常被验证为准确且及时，那么这个数据源的置信度将会提高。此外，还需要定期进行冲突检测。即使在更新阶段已经进行了冲突检测，但随着知识库的扩大和数据源的变化，可能会出现新的冲突。在这种情况下，再次进行冲突检测，并解决这些新的冲突，以保护知识的准确性。

知识图谱的构建和维护是一个动态的过程，需要不断地更新数据源的置信度，解决冲突，以保证知识图谱的准确性和时效性。

3.3 知识超图质量评估

知识图谱中的质量评估考察对象主要是概念、实体、属性这三类知识对象，以及概念与概念之间、概念与实体之间、实体与实体之间等三类关系知识对象。知识图谱的构建过程需要不断地从各种知识源获取知识。知识源不同，获取知识的手段也不相同，所需的质量评估方法也就不同。当前，面向自然语言文本的自动化知识获取仍然是知识获取的主要方式，主流方法包括基于模式、基于机器学习和基于深度学习模型的知识获取技术。此外，近年来随着大规模预训练模型的兴起，基于大模型的知识获取技术也受到广泛的关注。

基于模式的知识获取技术，重点要关注的是所获取模式本身的质量及其可能引入的噪声，尤其是在自举式迭代抽取过程中可能发生的语义漂移问题。而对于基于机器学习、深度学习模型的知识获取技术，则需要关注相关模型各个方面的数据和性能问题，包括训练数据的质量、小样本或者零样本、样本不均衡和过拟合等问题。

在知识获取技术中，确保高质量的知识抽取至关重要。随着大规模预训练模型的快速发展，很多知识获取技术都依托预训练模型来进行，包括抽取式模型、生成式模型等。虽

然模型在性能方面得到了大幅提升，但依然有引入噪声知识的风险，所以仍然需要做好质
量的评估工作。因此，设计一个全面的知识评估流程对于避免各种问题，如噪声、语义漂
移、样本不均衡等具有重要的意义。知识评估流程旨在全面评估知识的准确性、完整性、
一致性和可靠性，并为知识融合、知识表示和知识推理提供坚实的基础。知识图谱评估流
程如图 3.14 所示。

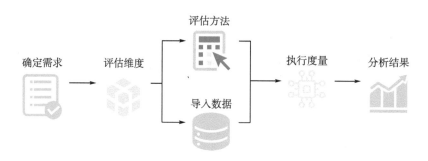

图 3.14　知识图谱评估流程

知识图谱数据评估流程一般分为以下几个步骤。

(1)确定需求。不同的应用上下文需要的数据质量是不一样的。

(2)评估维度。应用上下文，确定需要进行评估的维度和度量，确定度量计算方法。

(3)评估方法。选择评估方法，如果是机器评估，那么编写程序进行度量；如果是人
工评估，那么基于全量数据，或是对数据进行采样、分组，分发到多个评估人员。

(4)导入数据。导入需要评估和比对的一到多个数据集合。

(5)执行度量。执行选择的评估方法，获得度量结果。

(6)分析结果。基于结果进行统计分析。

其中，比较复杂的是基于应用上下文确定评估维度，以及评估的具体计算方法。大
多数评估计算方法还是比较简单和直接的，通过检查系统的某些状态信息，匹配相应的
规则，或是分析数据统计结果即可获得。相较而言，语义层面的评估较为复杂，即数据
本身的准确性、一致性及数据对于应用需求的完整性覆盖。接下来重点阐述评估维度及
评估方法。

3.3.1　评估维度

知识超图评估作为知识图谱评估的重要分支，其研究重要性与知识图谱评估类似。随
着知识超图的发展，越来越多的领域开始采用知识超图来支持数据管理和决策。因此，评
估知识超图的质量和有效性成为至关重要的任务。知识超图评估可以发现知识超图中的不
一致、错误和不完整，提高图谱的质量和可用性，从而提升知识管理和决策的效果。此外，
知识超图评估也可以为知识图谱的进一步应用提供支持，如基于知识图谱的自然语言处
理、推荐系统等应用。知识超图评估度量维度如表 3.5 所示。

表 3.5 知识超图评估度量维度

评估维度	描述	常见度量
准确性	各类知识的准确程度	语法准确性、语义准确性
完整性	数据具有足够的广度和深度	模式层完整性、属性完整性、整体完整性
一致性	数据中两个或多个值不会发生相互冲突的程度	类一致性约束、关系一致性约束、层级限制约束
时效性	数据的时效	超图的更新频率、语句的有效期、语句的修改日期
置信度	数据正确、真实和可信的程度	图谱级置信度、语句级置信度、空值与未知值设置
代表性	知识超图中是否包含高层次偏差	数据偏差、模式层偏差

在知识超图质量评估方面，重点关注知识的准确性、完整性、一致性、时效性、置信度和代表性。

准确性包括语法准确性和语义准确性。无人机知识图谱应该准确地反映无人机的各个方面，如型号、技术规格、性能参数等。对于语法准确性，知识超图应确保所记录的信息结构清晰，语法正确，不产生歧义。而语义准确性要求知识超图中的概念和关系能够准确地表达无人机相关的实体、属性、功能、状态等信息，避免出现误导性的描述，只有当知识超图中的信息准确无误时，用户才能够信任它并作为正确决策的依据。

完整性关注是否涵盖了领域所需的全部知识，可以从模式层完整性、属性完整性和整体完整性三个方面来考察。以无人机知识超图为例，模式层完整性要求知识超图能够覆盖无人机的不同模式层级，包括分类、型号、子系统、传感器等概念和关系。属性完整性要求知识超图包含技术规格、性能参数、操作能力等无人机属性信息。整体完整性则需要知识超图涵盖无人机领域的全部重要知识，如设计原理、生产供应、任务规划等。

一致性被定义为数据中的两个或多个值不会相互冲突的程度，包括类一致性约束、关系一致性约束和层级限制约束，通过逻辑相关性来发现数据中的噪声或质量问题，以确保数据不会产生矛盾或错误的信息。度量无人机知识超图的一致性本质上是通过图谱模式约束检查来减少图谱中数据不一致的错误。例如，检查描述无人机的数据类型是否符合预期，确保属性值的数据类型与其定义一致；验证插入的无人机实体的类型是否有效，确保实体的类别与定义的类型相匹配；检查无人机的类别与其所属型号之间是否存在矛盾，以确保实体的描述与其所属概念保持一致。

时效性被定义为数据的时效。时效性是一个相对的概念，取决于实际应用场景。对于描述无人机的常识性知识超图而言，不需要频繁更新迭代以满足时效性的要求，因为这些知识相对稳定，这种情况下更新频率较低可能是合理的。然而对于无人机的最新技术发展、作战方案、应用案例等信息，需要定期更新和维护才能保持时效性，因此记录无人机的性能参数、携带设备等信息时需要明确其有效期，并及时地更新过期的信息。

置信度被定义为评估数据正确、真实和可信的程度。比起准确性，该指标更强调主观的一些判断。置信度度量可以从图谱级别进行，主要评估知识超图数据的来源是否可信。例如，知识来自领域专家通常被视为可信的来源；知识来自社区贡献者也可以增加数据的置信度；知识从数据源自动提取则需要进一步考虑数据的准确性。置信度度量可以从语句级别进行，通过标明语句来源来度量数据的置信度。对于超图中的空值与未知值，如果它们代表了某种逻辑含义，说明知识超图在细节方面进行了精确建模，那么置信度会增高。

代表性又可以称为知识超图的偏向性，其在一个较高的视角关注知识超图的知识偏向问题。代表性在默认知识超图不完整性的基础上，认为知识超图是"完美"知识超图的一个子集，并讨论这个子集偏向哪方面的知识。具体来讲，由于数据本身具有偏向性，并且人们的认知本身也存在偏向，那么无论从原始数据中抽取的知识，还是人工编写的知识都无法避开偏向性问题。知识超图本身的知识是不完整的，例如，在无人机知识超图构建中，需要关注是否存在对某些特定型号或功能的过度偏向，以及是否平衡地涵盖了各个方面的无人机知识。

3.3.2　评估方法

知识超图评估是知识图谱领域的一个重要问题，其主要目的是评估知识超图的质量，以确保它能够为后续的知识分析和应用提供可靠的基础。知识超图是一种高维、复杂、非线性的知识表达方式，需要使用专门的评估方法来评估其质量。

语法准确性的评估需要使知识超图中三元组表达符合其规则的定义，可以基于一些人工定义的规则进行简单的评估。基于手工设计的规则，可以使用语义网信息质量评估（semantic web information quality assessment，SWIQA）框架[3]对数据质量进行量化评估。SWIQA 框架利用一些手工设计的规则来判断三元组是否正确，基于在某个维度上语法正确的三元组个数来计算其在此规则上的知识超图语法准确性得分。

语义准确性的评估主要包括基于知识超图表示学习的方法和基于证据搜索的方法。基于知识超图表示学习方法可以为三元组的语义准确性给出打分，但由于其得分函数的不一致，通常需要在计算语义准确性时修改最后得分函数。例如，使用一些非线性函数将值的范围进行限制或修改损失函数重新优化模型，以量化其语义准确性。基于证据搜索的方法在文本中搜索支持三元组成立的证据，但会花费很多时间，所以通常基于小规模数据集，并且主要依赖外部语料库和搜索引擎。

完整性可以通过基于规则的 SWIQA 进行评估，通过面向具体任务预定义的规则和模板，来评估知识超图的属性完整性。除此以外，本体完整性可以通过筛查本体集合中类与关系的缺失程度进行计算。数量完整性比较难以进行评估，很难界定具有怎样规模的知识超图才是一个完美的知识超图，因此相关研究工作主要围绕如何描述知识超图完整性与如何计算完整性展开。

一致性可以通过领域专家预先制定一致性检测规则并进行评估，以确保知识超图中数据不会产生冲突或错误。这些规则可以涵盖实体属性、关系、约束和逻辑相关性等方面。在工程实践中，检测规则通常已经集成到专门的知识图谱管理系统，如 GraphDB、Protege 等软件中，并在检测到知识图谱中不一致时，提供相应的修复建议。

置信度可以通过使用与目标知识图谱有较高重合度的高质量外部知识源作为基准数据并进行评估。典型的工作如概念图谱 Probase 就曾利用专家构建的 WordNet 作为参考来发现和校正其质量问题。除此之外还可以考察知识超图中数据来源的置信度，如数据源的信誉度、可靠性和权威性，检查数据源的来源单位、作者影响力、专业程度等。

代表性的评估通常也需要给出一定的评价标准，以一定的视角来看待知识超图是否具有明显的偏向。典型的工作如基于数学统计定律方法，以本福德定律为理论数据分布，将其扩展到知识超图的数据上并进行代表性的评估。除此以外还能通过语言使用来分析多语言知识库中的偏向性，借助现有的真实数据分布及知识超图中知识分布，针对某个问题或某个角度来进一步分析知识超图的代表性。

3.4　本 章 小 结

知识超图为现实世界的知识和专家经验等提供了一种直观、高效的表示和分析方式。本章从三个角度对知识超图的管理与评估进行了介绍，分别是知识超图融合、存储与更新和知识超图质量评估。这为构建高质量知识超图及其应用提供了有效的技术保障。

参 考 文 献

[1] 曾翰林. 基于开源信息的真值发现算法研究[D]. 成都: 电子科技大学, 2022.

[2] 梁逸寒. 基于实体链接的关联知识发现技术研究与应用[D]. 成都: 电子科技大学, 2022.

[3] Fürber C, Hepp M. SWIQA: A semantic web information quality assessment framework[C]. Proceedings of ECIS, Helsinki, 2011.

第4章 知识图谱与知识超图的典型应用

随着人工智能技术的飞速发展和信息数据规模的日益庞大，人们对于知识组织、管理和利用的需求越来越迫切。知识超图将海量数据进行结构化表示，牵引着知识在行业领域的各类深化应用。本章将从语义搜索、自然语言问答、智能推荐和知识推理技术等维度，阐述知识图谱和知识超图应用研究的基础概念和先进方法，并探讨其未来研究方向和发展趋势。

4.1 语 义 搜 索

如第1章所述，知识图谱的概念起源于谷歌搜索引擎优化的相关研究。传统的语义搜索是基于文档的信息检索，属于轻量级语义搜索，通常采用字面值一一对应或字符串相似度匹配等简单方式，但无法处理同名、别名等复杂情形。基于知识图谱的语义搜索属于重量级语义搜索，对语义进行显式和形式化建模。传统的搜索引擎在进行语义搜索时，需要将问题拆分成关键词、使用限定符号等方法。随着知识图谱的理论和技术发展，其在信息检索领域的应用越发广泛，通过图结构网络匹配用户的查询和关联性内容，用户也能询问更加复杂的问题。搜索引擎能够更清晰地理解用户的查询意图，并返回相关度高、质量好的资源。与传统语义搜索技术相比，运用知识图谱进行语义搜索具备三个方面的优势：

(1)对搜索内容进行语义消歧，能够提升搜索引擎的精确性，更好地表达关键词的语义信息；

(2)完善搜索内容主题，能够更好地理解用户搜索内容的含义，并对其所有信息进行汇总；

(3)为搜索内容寻找更深更广的有效信息，能够为用户提供完整的答案和知识体系。

基于知识图谱的语义搜索基本流程如图4.1所示。首先，获取网页数据中用户输入的查询信息；其次，通过问题理解，对用户输入进行语义解析，找出问句中的实体和关系，理解用户问句的含义；然后，进行实体识别，对问句实体和知识图谱中已有实体进行语义消歧，保证知识的准确性；进而，基于问句关系，在知识图谱中进行关系匹配，找出对应的相关实体；最后，以自然语言的形式将有关结果和相关网页信息呈现到用户面前。

此外，基于知识图谱的语义搜索需要查询灵活、计算快速、能够存储大量关联信息的数据库作为底层数据支撑。传统的关系型数据库采用表格方式存储数据，数据之间通过主键和外键建立关联，而非关系型数据库以键值对、文档、列族等方式存储数据，二者都难以表达实体(节点)、关系(边)之间复杂的语义关系，无法满足大规模复杂图结构数据的存储和查询需求。而随着人工智能技术的发展，现代计算机科学中出现了许多新的复杂数据结构和算法，例如，社交网络分析、知识问答、智能推荐和知识推理技术等，这些算法需要在复杂的图结构数据上进行计算，图数据库恰恰能够更加自然地表示数据之间的关联关系，同时也支持更加灵活的查询方式，为复杂图算法提供高效的支持。基于万维网联盟提出的 RDF，可以通过 SPARQL[1]及 Neo4j、Janus 等图数据库灵活地存储知识图谱，为语义检索提供存储方面的支撑。相关主流图数据库的介绍详见本书第 6 章。

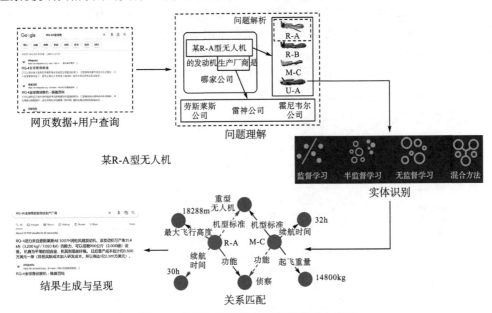

图 4.1　基于知识图谱的语义搜索基本流程

4.2　自然语言问答

自然语言问答[对应常见的"知识问答"（knowledge base question answering，KBQA）这一概念]特指针对用户提出的问题内容，基于对问题自然语言文本的理解，从知识图谱中发现关联知识并生成问题答案，具体实例如图 4.2 所示。自然语言问答可以看作语义搜索中的一环，能把用户输入的问题理解成客观世界的实体，并非抽象的字符串，将自然语言问题通过不同的方法映射到结构化查询，并在知识图谱中获取答案。

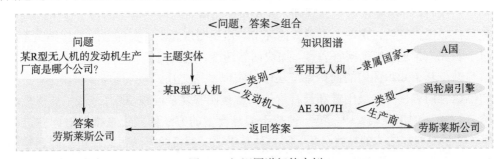

图 4.2　知识图谱问答实例

自然语言问答看似只是帮助用户回答问题，但却和人类的认知过程，包括人类如何感知、学习、记忆、思考等方面紧密关联。在认知心理学研究中，有很多与自然语言问答相关联的内容，如语言理解、记忆、答案推理等。在回答一个自然语言问题时，自然语言问答系统需要理解问题的语义、从知识库中查找相关信息、进行推理和归纳等。答案生成的过程往往来源于问题本身，问答系统推理和归纳出的答案也必然是和问题本身紧密关联的。例如，用户发出提问："某 R-A 型无人机的发动机生产厂商是哪家公司"，其答案必然是与"无人机""生产厂商"有关的。在实体识别的过程中首先要找到对应的无人机实体"某 R-A 型无人机"，而不是一些与问题无关联的实体，如"某 M-C 型无人机""某 R-B 型无人机"等，在对问题进行回答时，答案也是与"生产厂商"关联的，类似的实体有"劳斯莱斯公司""雷神公司""霍尼韦尔公司"等，而根据关键信息"发动机"，可以对应到答案为"劳斯莱斯公司"。具体问答实例如图 4.3 所示。

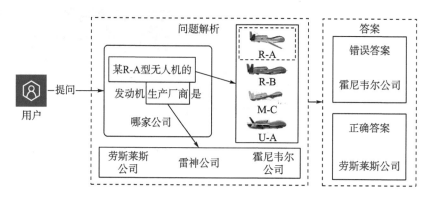

图 4.3　具体问答实例

此外，认知心理学的研究成果也为自然语言问答系统的发展提供了启示。例如，认知心理学研究表明，人类在解决复杂问题时往往采用启发式思维、归纳推理等策略。这些策略也可以应用于自然语言问答系统的设计中，提高系统的智能化程度。在信息爆炸和知识过载的智能时代，自然语言问答作为交流和知识传递的重要方式，不仅可以帮助人们快速地获取所需的信息，提高信息利用效率，还可以促进知识的共享、传播和创新，对于推动社会进步和发展具有重要意义。

传统的问答系统使用大量的语法规则识别问题，由于缺乏泛化能力，每次在构建新的领域问答系统时，都需要重新定义规则。引入知识图谱后的自然语言问答工作可以为自然语言处理任务提供支持，完善上下游其他环节。知识图谱提供了实体之间的详细关系，有助于进一步深入推理，提高问答质量，加快问答速度，适应更通用的场景，使推理具有更强的解释性。基于知识图谱的问答系统还可以实现多轮交互。

自然语言问答任务中最困难和最有价值的就是回答复杂问题。现有方法主要遵循两种思路来提取问题的深度语义[2]。第一种基于信息检索的方法倾向于直接地对问题进行编码，而忽略了对问题结构的显式分析。第二种基于语义解析的方法虽然保留了问题结构的分析能力，但依赖于大量问题的查询图标准，并且由于错误的探索而受到稀疏奖励的困扰。

针对上述问题，本节提出结构信息约束(structural information restraint，SIR)的知识图谱问答模型[3](图 4.4)，SIR 首次将问题的结构信息应用于基于强化的路径推理，综合依存树、短语结构树和第一个标记符来构建复合结构注意力，在没有昂贵的查询图标签的情况下实现推理。这种注意力机制基于路径特征和问题结构之间的相关性，通过区分不同的知识路径来提高路径推理的效率。此外，本节设计一种基于答案概念(如人、位置等)，而不是简单变量类型(字符串、数字等)的类型辅助奖励机制，有效地缓解了稀疏奖励问题。

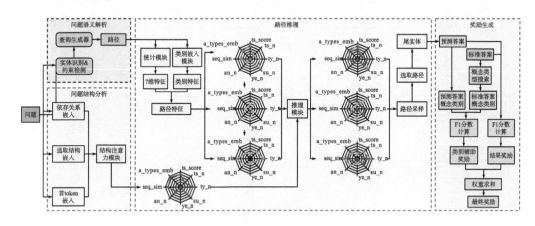

图 4.4　结构信息约束的知识图谱问答模型

SIR 模型性能对比(F1 值)如表 4.1 所示，加粗数值为最佳实验结果。在 CWQ、WQSP、CQ 等公共数据集上，与当前自然语言问答领域的主流方法相比，本节所提出的模型 SIR 能够取得优异的性能，有效地解决现有自然语言问答方法存在的问题。

表 4.1　SIR 模型性能对比(F1 值)

模型(发表年份)	CWQ	WQSP	CQ
PullNet (2019)	47.2 Hits@1	68.1 Hits@1	—
UHop (2019)	29.8	68.5	35.3
QCG (2020)	40.4	74.0	43.3
AQG (2020)	—	—	43.1
EmbedKGQA (2020)	—	66.6 Hits@1	—
NSM (2021)	44.0	67.4	—
本节提出的模型 SIR	**47.5**	**75.0**	**44.5**

在面向视觉的自然语言问答方面，先前的研究依赖于视觉特征或结合辅助信息来预测图像中的实体关系，但未考虑具备丰富语义信息的外部知识。为此，本节提出基于知识和视觉上下文依赖关系的场景图生成模型(knowledge-based scene graph generation model with visual contextual dependency，KVCD)[4]，通过融合外部知识并生成场景图，来辅助自然语言问答任务，其结构如图 4.5 所示。

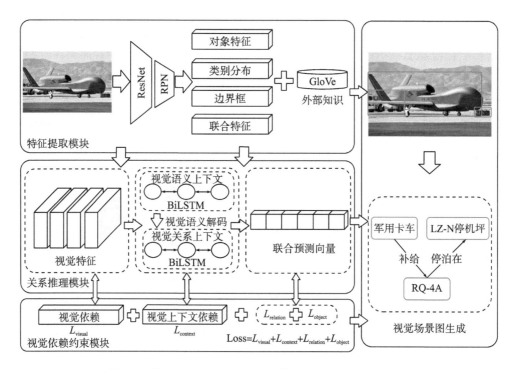

图 4.5 基于知识和视觉上下文依赖关系的场景图生成模型

随着 ChatGPT、GPT4.0 等新一代大型语言模型的出现,这些规模更大、参数更多、训练数据集更加丰富的模型能够更好地理解和处理自然语言,回答更复杂、更广泛、具备更多上下文关联的问题,甚至可以理解具有多重含义的问题,并且可以处理各种文体和语言变体。但是,这些模型也面临着一些挑战。例如,它们可能会出现理解偏差,即模型能够回答问题,但其答案可能并不准确或完全符合问题的含义。此外,这些模型也可能受到数据偏差和歧视等问题的影响。因此,尽管新一代大型语言模型在自然语言问答方面取得了很大的进步,但它们仍然需要进一步改进和优化,以确保其准确性和可靠性。

4.3 智 能 推 荐

推荐系统(recommendation system)可以理解用户的个性化偏好和需求,帮助用户筛选出自己感兴趣的产品和服务,在互联网大数据时代广泛地应用于各类娱乐、社交和购物软件,具备巨大的商业价值。然而,传统的推荐方法主要考虑用户序列偏好,却忽略了细致用户的偏好,如用户喜欢某个具体物品的某个属性等,无法解决数据稀疏和冷启动问题。知识图谱以异构图的形式表示实体之间的复杂关系,通过知识图谱构建用户偏好网络,提供了实体与实体之间更深层次、更长范围的关联,增强了推荐算法的挖掘能力,在一定程度上提高了准确性和多样性,可以合理地实现个性化的智能推荐,并且使推荐结果具有可解释性,有迹可循。

　　图 4.6 是一个基于传统知识图谱的无人机机型智能推荐系统实例，该系统包含无人机机型、参数、执行任务和任务要求等实体，而机型的各类参数关系、任务要求等是实体之间的关系。当前智能推荐系统的任务是选择能够执行"运输任务 2"的无人机机型。已知"某 R 型无人机"成功执行了历史任务"运输任务 1"，通过分析"运输任务 1"的各项任务要求，以及"运输任务 2"的新增要求"机身长度<10m"，结合"某 R 型无人机"和"某 M 型无人机"的各项机型参数，如续航时间、有效载荷、最大飞行速度等，判断出"某 M 型无人机"满足"运输任务 2"的任务要求，同时该型号无人机的"机身长度"参数满足〈运输任务 2，特殊要求，机身长度<10m〉的要求，因此，推荐"某 M 型无人机"作为"某 R 型无人机"的替代机型，执行"运输任务 2"。随着图谱中各类不同的潜在关联关系的增加，智能推荐系统的准确率能够进一步提高。

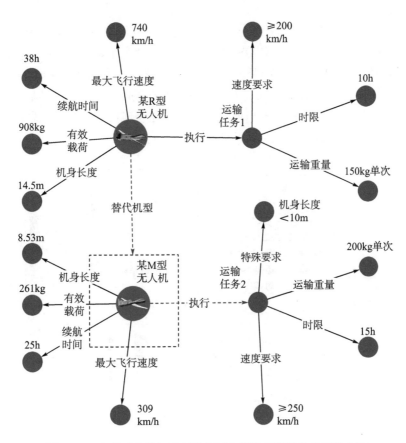

图 4.6　一个基于传统知识图谱的无人机机型智能推荐系统实例

　　现有基于知识图谱的推荐系统可以分为基于嵌入、基于连接和基于传播等三类方法[5]。基于嵌入的方法[6]通过知识图谱中丰富的实体和关联信息进行表示学习，一般包含两类模块，通过图嵌入模块学习实体和关系的嵌入表示，以及通过推荐模块计算用户实体对物品实体的偏好程度，实现精准推荐，该类方法的核心是如何在推荐模块中关联用户和物品实体的嵌入表示。

基于连接的方法[7]利用知识图谱的连接模式来指导知识图谱的构建，包括挖掘用户-物品知识图谱的元结构，设计元路径和元图谱，来计算实体之间的相似性；或者将实体对之间的连接模式编码为嵌入向量，进行路径嵌入。

基于传播的方法[8]通过结合嵌入和连接方法，学习实体和关系的嵌入表示，捕获实体之间的高阶关联关系，如多跳信息，能够实现更精准的用户推荐。因此，在该类方法中，常使用 GNN 和图注意力机制为不同的邻接实体赋予不同的权重，来进行特征聚合。

然而，在现有基于知识图谱的智能推荐方法中，基于连接的方法只考虑元路径实例中的头节点和尾节点，忽略了元路径上其他节点的信息。传统模型通常只提取分解子图中每种类型关系的特征，而忽略不同类型节点及其关系之间的相互作用。此外，基于传播的方法忽略了全局信息对推荐效果的影响，如全局连通性或远处节点之间的交互，无法有效地建模知识图谱的整体特征。

为此，可以采用结构信息聚合的异构图嵌入(structure information aggregated heterogeneous graph embedding，SAHGE)框架，既能综合表示元路径上的特征，又可以聚合来自多跳邻居的全局知识，从而得到更具区分性的嵌入结果。具体来说，SAHGE 首先对元路径实例进行编码，并聚合多条元路径信息来捕获高阶语义信息。然后，将异构图转换成同构图，并采用 GNN 来提取全局信息。最后，在全连接层将本地信息和全局信息结合，以获得精确的嵌入表示。SAHGE 模型结构如图 4.7 所示。

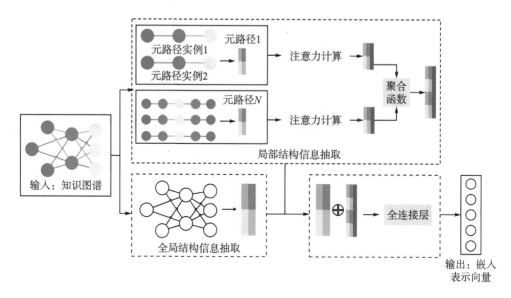

图 4.7　SAHGE 模型结构

在互联网电影数据库(internet movie database，IMDB)、数字文献与图书馆项目(digital bibliography and library project，DBLP)和 Last.fm 三个智能推荐与知识图谱相关的基准数据集上，本节进行节点聚类、节点分类和链接预测三种实验，验证 SAHGE 模型的有效性，实验结果如表 4.2～表 4.4 所示，加粗数值为最佳实验结果。

表 4.2　SAHGE 模型性能对比（节点聚类）

数据集	指标	Node2vec/%	ESim/%	Metapath2vec/%	HERec/%	GCN/%	GAT/%	HAN/%	MAGNN/%	SAHGE/%
IMDB	NMI	5.22	1.07	0.89	0.39	7.46	7.84	10.79	15.58	**16.23**
IMDB	ARI	6.02	1.01	0.22	0.11	7.69	8.87	11.11	**16.74**	16.69
DBLP	NMI	77.01	68.33	74.18	69.03	73.45	70.73	77.49	80.81	**82.16**
DBLP	ARI	81.37	72.22	78.11	72.45	77.50	76.06	82.95	85.54	**85.77**

表 4.3　SAHGE 模型性能对比（节点分类）

数据集	指标	训练集比例	Node2vec/%	ESim/%	Metapath2vec/%	HERec/%	GCN/%	GAT/%	HAN/%	MAGNN/%	SAHGE/%
IMDB	Macro-F1	20%	49.00	48.37	46.05	45.61	52.73	53.64	56.19	59.35	60.02
		40%	50.63	50.09	47.57	46.80	53.67	55.500	56.15	60.27	61.59
		60%	51.65	51.45	48.17	46.84	54.24	56.46	57.29	60.66	61.62
		80%	51.49	51.37	49.99	47.73	54.77	57.43	58.51	61.44	62.13
	Micro-F1	20%	49.94	49.32	47.22	46.23	52.80	53.64	56.32	59.60	59.99
		40%	51.77	51.21	48.17	47.89	53.76	55.56	57.32	60.50	61.71
		60%	52.79	52.53	49.87	48.19	54.23	56.47	58.42	60.88	61.82
		80%	52.72	52.54	50.50	49.11	54.63	57.40	59.24	61.53	62.52
DBLP	Macro-F1	20%	86.70	90.68	88.47	90.82	88.00	91.05	91.69	93.13	94.10
		40%	88.07	91.61	89.91	91.44	89.00	91.24	91.96	93.23	94.38
		60%	88.69	91.84	90.50	92.08	89.43	91.42	92.14	93.57	94.86
		80%	88.93	92.27	90.86	92.25	89.98	91.73	92.50	94.10	95.13
	Micro-F1	20%	87.21	91.21	89.02	91.49	88.51	91.61	92.33	93.61	94.57
		40%	88.51	92.05	90.36	92.05	89.22	91.77	92.57	93.68	94.85
		60%	89.09	92.28	90.94	92.66	89.57	91.97	92.72	93.99	95.26
		80%	89.37	92.68	91.31	92.78	90.33	92.24	93.23	94.47	95.52

表 4.4　SAHGE 模型性能对比（链接预测）

数据集	指标	Node2vec/%	ESim/%	Metapath2vec/%	HERec/%	GCN/%	GAT/%	HAN/%	MAGNN/%	SAHGE/%
Last.fm	AUC	67.14	82.00	92.20	91.52	90.97	92.36	93.40	98.91	**99.62**
Last.fm	AP	64.11	82.19	90.11	89.47	91.65	91.55	92.44	98.93	**99.69**

　　由上述表 4.2～表 4.4 可以看出，结构信息聚合的异构图嵌入框架在节点聚类、节点分类和链接预测任务中均能够取得较好的性能，优于现有的大部分方法，证明了其能够高效地利用和建模知识图谱全局信息的能力。

4.4　知识推理技术

　　常识推理（common sense reasoning）是知识推理的一般形式，指基于常识知识和经验，通过逻辑推理（logical reasoning）、演绎推理（deductive reasoning）、归纳推理（inductive reasoning)等方法，从已知的事实或信息中推断出未知的结论或信息的过程。常识推理是人类日常思维活动的基础，也是人工智能领域中的重要研究方向之一，可以帮助人们更好地理解和解决现实生活中的问题，也可以用于机器智能的开发和应用，从而实现更加智能化的人机交互和智能决策。

知识推理则是常识推理在人工智能研究中的主要形式，能够针对知识图谱中已有事实或关系的不完备性，挖掘或推断出未知或隐含的语义关系。一般而言，知识推理的对象可以为实体、关系和知识图谱的结构等，推理的类别包括归纳推理和演绎推理。归纳推理是从特殊到一般的推理过程，它根据已有的一些具体事实案例、观察到的现象，通过概括和归纳，总结出一般性的规律或原理。例如，如果观察到每一天清晨太阳都是从东方升起的，那么可以归纳出"太阳总是从东方升起"的结论。而演绎推理是从一般到特殊的推理过程，它根据已知的规律或原理，推导出特定情况下的结果或结论。例如，已知"所有以 0 或 5 结尾的数字都可以被 5 整除"，可以推理出诸如"数字 255 能够被 5 整除"的结论。通常来说，归纳推理用于发现新的知识和规律，而演绎推理则用于验证与应用已有的知识和规律。在处理实际问题的过程中，力求将两种推理方式结合，综合考虑多种因素，得出更加准确和全面的结论。

知识推理在整个知识图谱理论与技术框架中占据着十分重要的地位，是知识图谱研究的一大重点和难点，在实际工程中也有非常广泛的应用场景。因此，本章将详细地介绍基于逻辑规则、基于嵌入表示和基于神经网络的知识推理方法，具体如表 4.5 所示。

表 4.5 知识推理方法对比

知识推理方法类别	知识推理方法类型	核心思路
基于逻辑规则	基于逻辑的推理方法	直接使用一阶谓词逻辑、描述逻辑等方式对专家构建的规则进行表示及推理
	基于统计的推理方法	利用机器学习方法从知识图谱中自动挖掘出隐含的逻辑规则
	基于图结构的推理方法	利用图谱的路径等结构作为特征，判断实体间是否存在隐含关系
基于嵌入表示	张量分解方法	将关系张量分解为多个矩阵，通过这些矩阵构造出知识图谱的一个低维嵌入表示
	几何空间变换方法	将知识图谱中的关系映射为低维嵌入空间中的几何变换，最小化变换转化的误差
	语义匹配方法	在低维向量空间匹配不同实体和关系类型的潜在语义，度量一个关系三元组的合理性
基于神经网络	卷积神经网络方法	将嵌入表示、文本信息等数据组织为类似图像的二维结构，提取其中的局部特征
	循环神经网络方法	以序列数据作为输入，沿序列演进方向以递归方式实现链式推理
	GNN 方法	以图结构组织知识，对节点的邻域信息进行学习，获得对知识拓扑结构的语义表征
	深度强化学习方法	将知识实体、邻接关系分别构建为状态空间和行动空间，采用实体游走进行状态转换

4.4.1 基于逻辑规则的推理

逻辑是一种用来表示和推导事实之间关联关系的形式语言。基于逻辑规则的推理是指通过在知识图谱上运用简单规则及特征，推理得到新的事实，如图 4.8 所示。该方法能够很好地利用知识的符号性，精确性高且能为推理结果提供显式的解释。

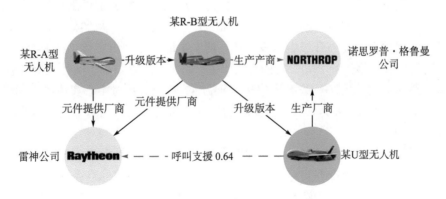

图 4.8　基于逻辑规则的推理实例

根据推理过程中所关注的特征不同,又可以将基于逻辑规则的知识图谱推理方法分为基于逻辑的推理方法、基于统计的推理方法及基于图结构的推理方法。

1. 基于逻辑的推理方法

基于逻辑的推理是指直接使用规范定义的形式语言,如一阶谓词逻辑、描述逻辑(description logic,DL)等方式,对专家制定的规则进行形式化的表达,并在向量空间中通过映射表示来进行知识推理;或基于知识图谱中已有的事实(实体和关系),挖掘其中潜在的关联和模式,形成规则集合,来推导出其他新的实体或关系。这类方法能够提高知识图谱的完整性和置信度,具有精确性高、可解释性强等特点。根据规则依托的表示方式不同,基于逻辑的推理方法又可以分为基于一阶谓词逻辑的推理和基于描述逻辑的推理。

2. 基于统计的推理方法

基于统计的推理关键在于利用机器学习方法,从知识图谱中自动地挖掘出隐含的逻辑规则,并将这些规则用于推理。该方法摒弃了专家定义规则的模式,可以利用挖掘的规则来解释推理结果。该方法又可以细分为基于归纳逻辑编程的推理和基于关联规则挖掘的推理。

基于归纳逻辑编程(inductive logic programming,ILP)的推理是指使用机器学习和逻辑编程技术,在知识图谱上自动地归纳出抽象的规则集,以完成推理,该方法不需要人工定义规则,能够在小规模的知识图谱上抽象出准确的规则,具有较好的推理能力。

基于关联规则挖掘的推理关键在于从知识图谱中自动地挖掘出高置信度的规则,并利用这些规则在知识图谱上推理以得到新的知识,相较于基于归纳逻辑编程的推理,基于关联规则挖掘的推理可以处理更复杂、更庞大的知识图谱,且规则挖掘的速度更快。

3. 基于图结构的推理方法

基于图结构的推理是指利用图谱的结构作为特征来完成推理任务。其中,知识图谱中最为典型的结构是实体间的路径特征,对于知识图谱推理具有重要的作用。基于图结构的知识图谱推理具有推理效率高且可解释的优点。例如,在图 4.8 中,从实体"某 R-A 型无人机"出发，利用关系路径"升级版本→元件提供厂商"，能够推理出实体"某 U 型无人机"和实体"雷神公司"可能存在"元件提供厂商"的关系；从实体"某 R-B 型无人机"出发，利用关系路径"升级版本→生产厂商"，能够推理出实体"某 R-B 型无人机"和实体"诺思罗普·格鲁曼公司"可能存在"生产厂商"关系。由于实体之间关联的特征可能具有一跳或多跳关系，需要分析这些不同粒度的特征关系对中心实体的不同影响。因此，根据关注特征的粒度不同，基于图结构的推理方法又可以分为基于全局结构的推理及基于局部结构的推理。

基于全局结构的推理是指对整个知识图谱进行路径提取，然后将实体之间的路径作为特征用于判断实体间是否存在目标关系，该类算法能够自动地挖掘路径规则且具有可解释性。其中，典型的算法为随机游走算法，将知识图谱中连接目标关系实体对的路径作为特征，为每类关系训练一个逻辑回归模型，从而完成知识图谱推理任务，但该算法采用的随机游走策略需要遍历知识图谱，计算代价巨大。同时，知识图谱长尾分布导致的数据稀疏性问题对于基于全局结构的推理算法性能影响较大。对此，研究者基于随机游走算法提出了一系列改进方案，包括联合关系的随机游走、耦合路径排序等。此外，目前该方向研究的热点和重点就是使用 GNN 建模知识图谱的全局结构信息。

基于局部结构的推理是指利用与推理高度相关的局部图谱结构作为特征并进行计算，以实现知识图谱的推理，相较于基于全局结构的推理，该方法的特征粒度更细且计算代价低。该方法在随机游走算法的基础上，在局部子图或特定关系子图上进行随机游走，提升推理能力和推理效率。但由于只考虑了特定实体或关系子图的结构，忽略了子图之间的关系，具有一定的局限性。基于逻辑规则的知识图谱推理方法的对比如表 4.6 所示。

表 4.6   基于逻辑规则的知识图谱推理方法的对比

类型名称	具体方法	核心思路	存在问题
基于逻辑的推理方法	基于一阶谓词逻辑的推理	使用一阶谓词逻辑表示规则，以命题为基本单位进行推理	依赖专家定义的规则；计算复杂度高
	基于描述逻辑的推理	使用描述逻辑表示规则，将实体或关系推理转换为一致性检测问题	依赖专家定义的规则；计算复杂度高
基于统计的推理方法	基于归纳逻辑编程的推理	使用机器学习和逻辑编程，在知识图谱上自动地归纳出抽象规则集以完成推理	穷举搜索计算开销大
	基于关联规则挖掘的推理	通过从知识图谱中自动地挖掘出高置信度规则，并利用这些规则完成推理	规则学习搜索空间大，效率低；挖掘规则覆盖率低，预测效果差
基于图结构的推理方法	基于全局结构的推理	通过对整个知识图谱进行路径提取，将实体之间的路径作为特征以完成推理	路径提取效率低；难以处理关系稀疏的数据
	基于局部结构的推理	利用与推理高度相关的局部图谱结构作为特征并进行计算，实现知识图谱推理	忽略局部子图间关系，挖掘的路径规则覆盖率低

4.4.2   基于嵌入表示的推理

在机器学习中，嵌入表示是一种非常重要的技术手段，通过嵌入表示可以将复杂的数据结构转化为向量化的表示，为后续工作的开展提供便利。对于知识图谱推理，嵌入表示的优势同样明显。通过将图结构中隐含的关联信息映射到向量空间，使得原本难以发现的关联关系变得显而易见。

基于嵌入表示的推理是知识图谱推理技术的重要组成部分。本节将介绍三类嵌入表示推理方法，分别是张量分解方法、几何空间变换方法和语义匹配方法。

1. 张量分解方法

张量分解（tensor decomposition，TD）方法是通过特定技术将关系张量分解为多个矩阵，利用这些矩阵可以构造出知识图谱的一个低维嵌入表示。该方法以 RESCAL[9]为主，将知识图谱中的知识以一个三阶张量的形式进行表示，反映知识图谱中实体-关系-实体的三元关系。RESCAL 通过对张量进行分解，得到实体和关系类型的嵌入表示，体现实体或关系邻域结构的相似性。

如图 4.9 所示，"某 M 型无人机"和"某 R 型无人机"的机型标准均属于重型无人机，它们具备相似的最大飞行高度、续航时间和起飞重量。可以看出两种机型的邻域结构高度相似，RESCAL 模型得到两种无人机的嵌入表示也是相近的，由此可以根据"某 M 型无人机"的功能为"侦察"，结合背景知识，推理出"某 R 型无人机"和"侦察"节点的关系很可能是"功能"。

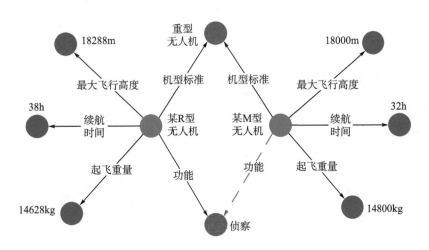

图 4.9 嵌入表示知识推理实例

2. 几何空间变换方法

几何空间变换方法又可称为平移模型（translational model，TM），该模型将知识图谱中的每个关系看作从主体向量到客体向量的一个平移变换。通过最小化平移转化的误差，将知识图谱中的实体和关系类型映射到各类向量空间中，如复数空间、流形、希尔伯特空间等，例如，以 TransE[10]为代表的变换模型，将知识图谱中的实体和关系类型都嵌入低维的向量，同时将每个关系理解为从主体向量到客体向量的一个平移变换。几何空间映射实例如图 4.10 所示，TransE 通过学习已有知识，将四个某 R 型无人机相关的部件实体映射为低维空间的四个点（即点 A、B、C、D），同时将"AE 3007H 发动机"和"劳斯莱斯公司"两个节点之间已知的"生产厂家"关系映射为向量α(即向量$\overrightarrow{CD}$)。在推理"MTI 合成孔径雷达"和"雷神公司"是否存在"生产厂家"关系时,只需判断这一关系的嵌入向量α能否在低维空间中近似地实现从"MTI 合成孔径雷达"的嵌入点(A 点)到"雷神公司"的嵌入点(B 点)的平移。若能,则可以推出该关系存在;反之,则认为该关系不存在。

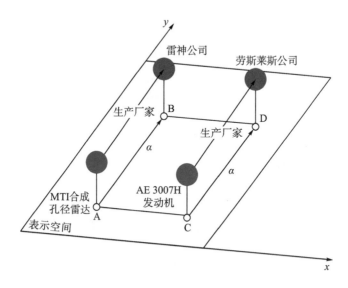

图 4.10　几何空间映射实例

3. 语义匹配方法

语义匹配(semantic matching)方法通过设计基于相似度的目标函数,在低维向量空间匹配不同实体和关系类型的潜在语义,定义基于相似性的评分函数,度量一个关系三元组的合理性。该方法认为训练集中存在的关系三元组应该有较高的相似度,而训练集中没有的关系应该有相对较低的相似度。

常用语义匹配模型的主要思路是对知识图谱中的二元语义和三元语义进行匹配,衡量各关系的合理性。在匹配主体-关系类型-客体的三元语义的同时,也对主体与关系类型、关系类型与客体、主体与客体等三类语义进行匹配,使得模型有更强的拟合能力和灵活性。

例如,针对图 4.9 中的关系网络,该类模型首先定义一个语义评分函数,用于衡量三元和二元语义关系的合理性。如对于三元组<某 M 型无人机,最大飞行高度,18288m>,其对应的三元语义的评分为 0.35,二元语义<某 M 型无人机,最大飞行高度>、<最大飞行高度,18288m>和<某 M 型无人机,18288m>的评分分别为 0.25、0.13 和 0.18。将上述四个分数求和,得到该关系三元组的语义评分为 0.91。训练时要求所有已知关系三元组的语义评分尽可能高。在推理"某 R 型无人机"和"诺思罗普·格鲁曼公司"是否存在"生产厂家"关系时,根据训练得到的实体和关系的嵌入表示,计算得到<某 R 型无人机,生产厂家,诺思罗普·格鲁曼公司>这个三元组的语义评分为 0.85,该评分高于预设的经验性阈值(0.75),因此可判断该关系成立。

综上，基于嵌入表示的知识图谱推理方法对比如表 4.7 所示。

表 4.7　基于嵌入表示的知识图谱推理方法对比

类型名称	具体方法	核心思路	存在问题
张量分解方法	张量分解模型	利用已有张量分解算法，分解三阶关系张量，高效地计算嵌入表示	方法较简单，效果有限，可解释性较弱
几何空间变换方法	简单平移模型	将关系解释为向量空间平移变换，对嵌入表示进行优化计算	平移转化要求严格，难以对抗噪声，且无法处理非一对一关系
	松弛化平移模型	对简单平移模型加以松弛化处理，允许平移转化一定的偏差	松弛化程度难以把控，导致模型有效性降低
	投影空间平移模型	分离实体空间和关系空间，在投影空间进行平移转化的计算	跨空间投影运算开销高，参数数量较多，模型训练难度大
语义匹配方法	线性语义匹配	进行二元和三元的语义匹配，构建线性优化目标	线性模型结构难以捕捉非线性语义关系
	神经网络的语义匹配	利用深度神经网络，实现对非线性语义关系的学习	网络模型训练开销高，可解释性不足

4.4.3　基于神经网络的推理

一般地，应用于知识图谱推理的神经网络方法主要包括卷积神经网络方法、循环神经网络方法、GNN 方法、深度强化学习方法等。基于神经网络的知识图谱推理方法基本流程如表 4.8 所示。

表 4.8　基于神经网络的知识图谱推理方法基本流程

类型名称	输入	推理核心方法	输出
卷积神经网络方法	实体文本描述或实体关系交互	卷积操作	文本嵌入或交互特征
循环神经网络方法	知识路径结构或实体文本描述	循环结构	路径嵌入或文本嵌入
GNN 方法	知识图谱拓扑结构	图卷积、图注意力	实体关系嵌入
深度强化学习方法	知识图谱拓扑结构	路径生成策略	路径嵌入和生成策略

基于神经网络的知识图谱推理，充分地利用了神经网络对非线性复杂关系的建模能力，能够深入地学习图谱结构特征和语义特征，实现对图谱缺失实体、缺失关系的有效预测，如图 4.11 所示，以"某 R 型无人机，救援地面目标 Y"的任务为例，可以基于该无人机相关的参数知识，如当前无人机的"承重"为"14628kg"、搭载发动机型号为"AE 3007H"，以及一些与执行任务相关的实时"已有知识"，如当天的"救援天气"为"晴天""剩余的续航时间"为"30h"等，综合考虑这些因素对任务执行情况的影响，推理出"某 R 型无人机，编号：1"在执行任务的过程中，各个候选策略的综合得分，如<返航，A 基地>得分为 0.32、<进行探测，目标 X>得分为 0.8、<呼叫支援，某 R 型无人机，编号：2>得分为 0.64，以此为指挥决策提供收益较高的策略选取支撑。

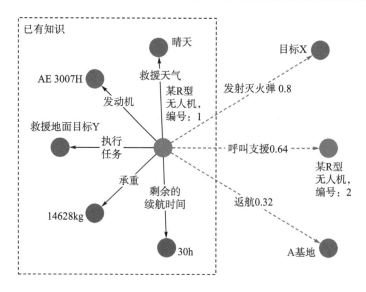

图 4.11　知识推理的关系预测实例

1. 卷积神经网络方法

卷积神经网络方法通过卷积操作提取知识局部特征，预测图谱中的缺失关系。卷积神经网络方法主要包括基于实体文本描述（entity text description，ETD）的推理和基于实体关系交互的推理两大类。

实体文本描述是对知识图谱中实体语义信息的详细描述。基于实体文本描述的推理指利用卷积神经网络对实体文本描述进行解析，从中提取出关键的文本片段并转换为嵌入向量，进而利用文本特征更准确的实体语义。描述具身知识表征学习（description-embodied knowledge representation learning，DKRL）[11]针对知识图谱中的实体描述信息，将描述文本看作无序的单词集合，再结合卷积操作，分别学习文本描述中的无序特征和词序特征，融合生成最终的知识嵌入表示，并用于推理，实现新实体的有效发现。

实体关系交互指同一个三元组中，实体语义和关系语义的相互关系，它反映了知识结构的语义。基于实体关系交互的推理通过卷积神经网络对实体关系嵌入向量拼接而成的二维矩阵执行卷积、嵌入投影、内积等简单运算操作，从中提取出实体、关系语义的交互信息，实现交互特征的有效捕捉，进而提升对知识三元组结构语义的理解。

2. 循环神经网络方法

循环神经网络方法指基于循环结构提取的知识序列特征，预测图谱中的缺失关系。循环神经网络方法主要包括基于知识路径语义的推理和基于实体文本描述的推理两大类。

知识路径指知识图谱中由实体关系交替组成的有序路径，其中，蕴含了从起点实体到终点实体间的隐藏语义。基于知识路径语义的推理指利用循环神经网络的结构特征，迭代学习路径的语义特征，从中发现关联路径上的隐含语义信息，并基于此实现缺失知识的准确预测。

除卷积神经网络外，对于蕴含详细语义信息的实体文本描述而言，也可以利用循环神经网络进行分析建模。一般地，基于实体文本描述的推理利用循环神经网络依次读入实体文本描述信息，完成不同三元组中实体语义信息的匹配，从而实现对缺失知识的准确预测。

3. 图神经网络方法

图神经网络方法指利用图神经网络提取出的图谱拓扑结构特征，预测图谱中的缺失关系，主要包括基于图卷积的推理、基于图注意力网络的推理和少样本知识图谱推理。

1) 基于图卷积的推理

图卷积网络通过引入傅里叶变换，将图结构信息变换到由图拉普拉斯矩阵特征向量构成的正交空间中，从而实现节点邻域向中心的信息聚合。由于知识图谱具备丰富的图结构信息，基于图卷积网络的知识推理方法应用广泛。在对知识图谱进行图卷积操作时，传统方法将图谱视作无向图，利用图卷积操作分析拓扑结构，实现邻域向中心实体的语义汇聚。

现有基于图卷积的知识推理方法，在传统图卷积神经网络的基础上，基于平移变换思想实现知识图谱邻接实体特征的聚合。然而，这些方法在实体嵌入过程中只聚合了短距离邻接节点(如 2 跳以内)的信息，忽略了远距离邻接节点对中心实体的影响。此外，也没有深入地考虑关系嵌入的学习过程，例如，只是通过简单的线性变换或者只考虑连通实体的表示，而忽略了其他相似关系的潜在影响。

针对上述问题，本节提出实体关系交互的图卷积网络(entity relation interactive graph convolutional network，ER-GCN)模型[12]，其结构如图 4.12 所示。

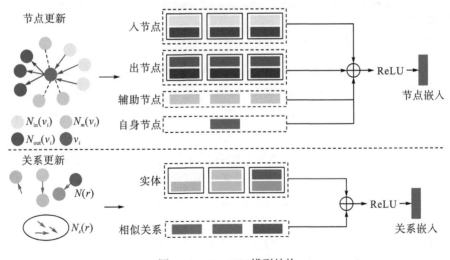

图 4.12 ER-GCN 模型结构

模型结合图卷积神经网络和嵌入表示的知识推理方法，不仅聚合了与中心实体直接相邻的实体和关系信息，还通过构造辅助边的方式，将多跳邻接实体信息纳入考虑范围。此外，ER-GCN 模型还在考虑关系所连接的实体信息基础上，引入了与给定关系语义相似的关系信息，为知识图谱关系的表示学习提供了一种新思路。

表 4.9 是 ER-GCN 模型的实验对比结果(实体预测)，加粗数值为最佳实验结果。在常用的知识推理数据集 FB15K-237 和 WN18RR 上，与目前主流方法相比，ER-GCN 模型都取得了一定的提升，也证明了多跳邻居信息和关系嵌入效果对于知识推理性能提升的有效性。

表 4.9　ER-GCN 模型的实验对比结果(实体预测)

模型(发表年份)	FB15K-237					WN18RR				
	MRR	MR	H@10	H@3	H@1	MRR	MR	H@10	H@3	H@1
TransE(2013 年)	0.294	357	0.465	—	—	0.226	3384	0.501	—	—
DistMult(2014 年)	0.241	254	0.419	0.263	0.155	0.43	5110	0.49	0.44	0.39
ComplEX(2016 年)	0.247	339	0.428	0.275	0.158	0.44	5261	0.51	0.46	0.41
ConvE(2018 年)	0.325	244	0.501	0.356	0.237	0.43	4187	0.52	0.44	0.40
ConvKB(2018 年)	0.243	311	0.421	0.371	0.155	0.249	**3324**	0.524	0.417	0.057
RotatE(2018 年)	0.338	**177**	0.533	0.375	0.241	0.476	3340	0.571	0.492	0.428
R-GCN(2018 年)	0.248	—	0.417	0.258	0.153	—	—	—	—	—
VR-GCN(2019 年)	0.248	—	0.432	0.272	0.159	—	—	—	—	—
TransGCN(2019 年)	0.356	—	0.555	0.388	0.252	0.485	—	0.578	0.51	0.438
CompGCN(2019 年)	0.355	197	0.535	0.390	0.264	0.479	3533	0.546	0.494	**0.443**
KE-GCN(2021 年)	0.353	206	0.538	0.391	0.260	0.470	3554	0.538	0.487	0.441
本节提出的模型 ER-GCN	**0.376**	179	**0.564**	**0.398**	**0.269**	**0.49**	3456	**0.584**	**0.517**	0.441

2)基于图注意力网络的推理

图注意力网络(graph attention network，GAT)是一种基于空间结构的 GNN，在聚合邻域特征信息时，通过注意力分数确定邻居节点权重信息，从而实现邻域对中心贡献程度的自适应调节。基于图注意力网络的推理，将图谱视作有向图，利用注意力机制分析拓扑结构，实现邻域结构对中心实体语义贡献的准确量化。基于知识的图注意力网络(knowledge-based graph attention network，KBGAT)[13]首次将图注意力引入知识图谱，通过拼接知识三元组中头尾实体和关系的嵌入特征来计算实体聚合时的注意力分数，以此为实体间的不同关系赋予不同的权重。然而，在聚合多跳邻域实体的过程中，基于图注意力的推理方法存在过平滑问题，导致大部分实体学习到的嵌入特征都是相同的。

针对上述问题，本节提出基于结构区分的图注意力网络(structure-distinguishable graph attention network，SD-GAT)的知识推理模型[14]，采用典型的编码器-解码器结构，进行实体和关系的表示学习。基于结构区分的图注意力网络的知识推理模型如图 4.13 所示。其中，编码器通过结构可区分的邻域聚合方案来实现实体和关系的准确表征；解码器部分通过知识图谱中大量的原始三元组来计算推理出的新三元组得分。

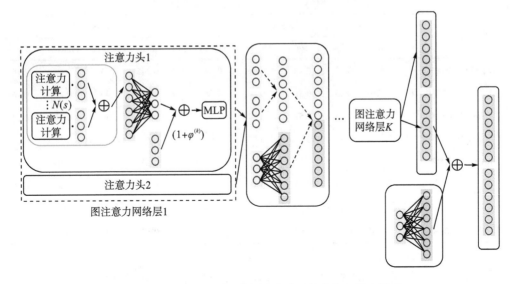

图 4.13　基于结构区分的图注意力网络的知识推理模型

　　特别地，在模型注意力机制部分，使用可区分性聚合方案，通过计算目标实体周围邻居的注意力分数，在聚合跳邻居的信息后，获得目标实体的新特征。基于图注意力机制的聚合过程如图 4.14 所示。

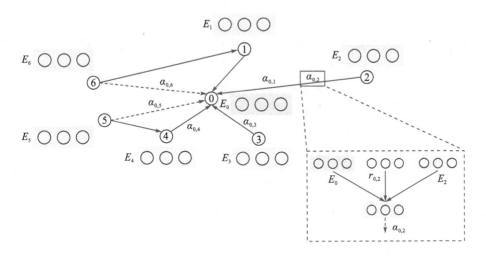

图 4.14　基于图注意力机制的聚合过程

　　由表 4.10 可以看出，在 WN18RR 和 FB15K-237 这两个知识图谱推理常用数据集上，与典型模型 DistMult、ConvE 等实验进行对比，本节所提出的 SD-GAT 取得了一定的提升，加粗数值为最佳实验结果。

表 4.10　SD-GAT 模型性能对比（实体预测）

模型（发表年份）	WN18RR					FB15K-237				
	MR	MRR	Hits@10	Hits@3	Hits@1	MR	MRR	Hits@10	Hits@3	Hits@1
DistMult（2014 年）	5110	0.43	0.49	0.44	0.39	254	0.24	0.42	0.26	0.16
ComplEX（2016 年）	5261	0.44	0.51	0.46	0.41	339	0.25	0.43	0.28	0.16
ConvE（2018 年）	4187	0.43	0.52	0.44	0.40	244	0.32	0.50	0.35	0.23
ConvKB（2018 年）	2553	0.25	0.53	0.45	0.06	257	0.40	0.52	0.32	0.20
R-GCN（2018 年）	—	—	—	—	—	—	0.25	0.42	0.26	0.15
SACN（2019 年）	—	0.47	0.54	0.48	0.43	—	0.36	0.55	0.40	0.27
ComplEX-DURA（2020 年）	—	**0.49**	**0.57**	—	**0.45**	—	0.37	0.56	—	0.28
本节提出的模型 SD-GAT	**2240**	0.45	**0.57**	**0.50**	0.38	**233**	**0.51**	**0.62**	**0.53**	**0.45**

同时，与传统的基于图注意力机制的知识推理模型相比，SD-GAT 能够通过关系预测的单射函数实现聚合过程的结构可区分，有效地解决了邻域实体特征聚合面临的过平滑问题。

3）少样本知识图谱推理

除了上述的方法类别，在现实世界的知识图谱中，很大一部分的关系类别出现的频率是非常低的，只有极少量的实体对与这些关系相关联，传统的知识推理方法在该场景下严重受限。对此，研究者提出了少样本知识图谱推理（few-shot knowledge graph reasoning），旨在仅用少量对应的已知实例来推断关系缺失的事实。少样本推理中突出的先决条件是充分地探索和利用来自这些已知实例的有效信息。然而，现有方法通常将已知的样本集视为相互独立的内容，无法对其实例间的交互进行显式建模。并且主要关注样本中的正面事实。为此，本节提出一种新颖的少样本区分性表示学习（few-shot discriminative representation learning，FSDR）模型[15]，可以充分地捕捉样本的丰富信息，该模型结构图如图 4.15 所示。

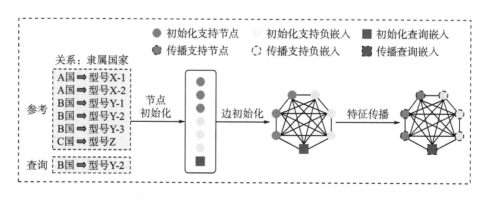

图 4.15　少样本区分性表示学习模型结构图

其中，圆形图节点对应于支持集中的实例，而方形的图节点对应于查询集中的实例。在实施过程中，查询依次输入模型对于每个推理过程而言只有一个查询实例。基于设计的实例 GNN 结合自适应邻域编码器和转换编码器，利用实例之间相似性和相异性信息，学习实例的嵌入表示。由于来自同一类的实例关联更加紧密，而来自不同类别的实例在嵌入空间中的距离较远，通过匹配过程处理模型，计算实例间的注意力分数，为正查询实例赋予较高的置信度得分，而负查询实例则相反。

由表 4.11 可以看出，在 NELL 和 FBK15 这两个知识图谱推理常用的基准数据集上的实验表明，本节所提出的模型优于当前主流的少样本知识推理方法，效果显著。表 4.11 中加粗数值为最佳实验结果。

表 4.11 少样本推理模型性能对比 (链接预测)

模型 (发表年份)	NELL				FBK15			
	MRR	Hits@10	Hits@5	Hits@1	MRR	Hits@10	Hits@5	Hits@1
GMatching (2018 年)	0.184	0.279	0.230	0.129	0.201	0.363	0.277	0.114
FSRL (2019 年)	0.153	0.319	0.212	0.073	0.227	0.491	0.367	0.106
MetaR (2020 年)	0.209	0.355	0.280	0.141	0.203	0.377	0.291	0.107
FAAN (2020 年)	0.279	0.428	0.364	0.200	0.304	0.541	0.434	0.188
SharedEmbed (2021 年)	0.204	0.318	0.272	0.134	0.210	0.389	0.321	0.102
ZeroShot (2021 年)	0.108	0.211	0.154	0.056	0.167	0.320	0.250	0.086
本节提出的模型 FSDR	**0.293**	**0.443**	**0.382**	**0.214**	**0.320**	**0.544**	**0.449**	**0.218**

4.4.4 深度强化学习方法

基于深度强化学习的知识图谱推理方法结合了深度学习对图谱结构的感知能力与强化学习对补全关系的决策能力，将图谱上的推理建模为序列决策模型。该方法将知识实体、邻接关系分别构建为状态空间和行动空间，采用实体游走进行状态转换，发现正确答案即生成奖励。从而基于"关系-路径-探索"建立推理方案，能够显著地提升知识推理的有效性和多样性。

其中，典型的深度强化学习方法能够结合上述的多种神经网络架构，包括长短时记忆网络、门控循环单元等循环神经网络、图注意力网络等 GNN，或自注意力机制等，使得推理路径具有更强的可解释性，且能够捕捉到路径内更完整的实体信息，进而有效地处理多语义问题，结合规则等实现知识推理。然而，现有的方法忽略了实体邻域中隐含的关键信息，导致推理路径的证据不足，降低了模型的推理性能。

对此，可以采用基于邻域信息聚集的强化学习推理模型 (reinforcement learning model based on neighbourhood aggregation，RL-NE)。在强化学习推理中，推理过程被视为知识图谱上的马尔可夫决策过程，对于给定的查询 $q_T = (e_q, r_T, ?)$，代理从头部实体开始，不断地选择边缘节点以在有限数量的步骤中游走，直到到达目标实体。该模型结构如图 4.16 所示，其中，图 4.16 (a) 表示策略网络模块，该模块由 LSTM 网络组成；图 4.16 (b) 表示关系融合模块，将实体嵌入与目标关系进行融合；图 4.16(c)表示邻域聚合模块，该模块通过多头注意力机制计算当前关系与查询关系之间的相似度，并将此相似度作为聚合权重，向中心实体聚合其邻域的实体信息。

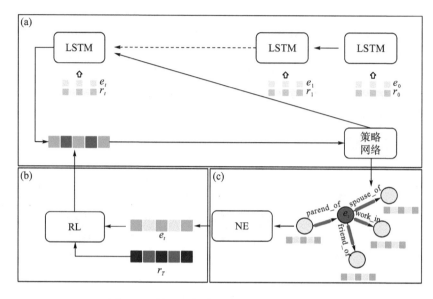

图 4.16   基于强化学习的知识推理模型结构

由表 4.12 可以看出，在 NELL-995 和 WN18RR 这两个知识图谱推理常用的基准数据集上的实验表明，RL-NE 在深度强化学习推理上的效果显著，并且优于当前大部分基于强化学习的知识推理方法。表 4.12 中加粗数值为最佳实验结果。

表 4.12   强化学习推理模型性能对比(链接预测)

模型(发表年份)	NELL-995				WN18RR			
	MRR	Hits@10	Hits@5	Hits@1	MRR	Hits@10	Hits@5	Hits@1
ComplEX (2016 年)	0.652	0.815	0.784	0.614	0.415	0.480	0.433	0.382
ConvE (2018 年)	0.747	0.864	**0.808**	0.672	0.438	0.519	0.452	0.403
DistMult (2014 年)	0.680	0.795	0.733	0.610	0.433	0.475	0.441	0.410
Minerva (2018 年)	0.725	0.831	0.773	0.663	0.448	0.513	0.456	0.413
MultiHopKG (2018 年)	0.727	0.843	0.783	0.657	0.472	0.542	0.465	0.437
Coper (2020 年)	0.727	0.844	0.784	0.656	0.483	**0.561**	0.476	0.441
RLH (2020 年)	0.723	**0.873**	0.768	**0.692**	0.481	0.516	0.483	0.453
CURL (2020 年)	0.738	0.843	0.786	0.667	0.460	0.523	0.471	0.429
本节提出的模型 RL-NE-LSTM	0.747	0.854	0.798	0.683	0.485	0.546	0.496	0.451
本节提出的模型 RL-NE-GRU	**0.749**	0.853	0.799	0.685	**0.486**	0.546	**0.497**	**0.453**

4.4.5 基于对比学习的知识图谱推理方法

基于对比学习的知识图谱推理方法结合了知识图谱中蕴含的丰富信息及下游任务的具体需求，通过比较和对比不同实例之间的差异与相似性来进行推理和学习。该方法将知识图谱中的实体、关系与下游任务中的样本组合为比较的实例对，通过选用适当的相似度度量方法来计算实例对之间的相似度，从而比较不同实例间的相似性与差异性，建立下游样本与知识图谱中先验知识的关联性，进行知识的归纳与推理，能够显著地提升知识推理的准确性。

其中，在知识推荐这一典型推理场景中，现有的基于对比学习的知识推理方法主要通过构建知识视图，并利用对比学习机制捕获交互信息，将知识图谱中蕴含的与推荐场景相关的有效信息融入推荐模型中。然而，现有的方法在对比学习过程中，只对知识图谱进行简单的数据增强操作，导致与推理任务相关的关键信息丢失。同时，在对知识图谱进行编码的过程中，仅简单地将边信息添加到特定 GNN 模型中，而没有考虑关系和实体之间的关联信息，降低了模型的推理性能。

因此，本节提出一种基于对比学习的知识推理(knowledge-based recommendation with contrastive learning，KRCL)模型[16]。在对比学习过程中，KRCL 模型不仅考虑了物品-实体之间的关系，还引入了物品-物品之间的关系来挖掘知识图谱中的隐含信息。此外，为了充分地利用知识图谱中的信息，KRCL 模型设计一种新颖的关系感知 GNN 用于知识视图编码。该模型结构图如图 4.17 所示，其中，①为视图生成模块，根据用户-候选物交互数据及知识图谱，通过数据增强操作，为其分别生成交互视图与知识视图；②为视图编码模块，利用 LightGCN 模型和关系感知 GNN 分别对交互视图与知识视图进行编码，学习得到用户、物品和实体的初步嵌入向量表示；③为对比学习模块，通过设计对应的对比学习损失函数，建立不同视图间的交互，从而获得用户、物品和实体的最终嵌入向量表示。

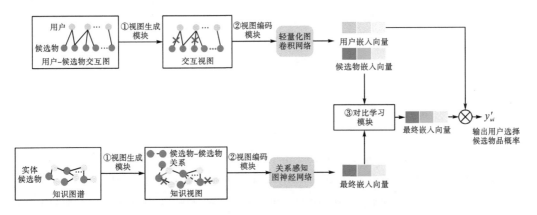

图 4.17 基于对比学习的知识推理模型结构图

由表 4.13 可以看出,在 Yelp2018、Amazon-Book 和 MIND 这三个基于知识图谱推理常用的基准数据集上,所提出的模型效果显著,优于目前主流的对比学习推理方法。表 4.13 中加粗数值为最佳实验结果。

表 4.13　对比学习推理模型性能对比 (Top20 推荐)

模型 (发表年份)	Yelp2018		Amazon-Book		MIND	
	Recall/%	NDCG	Recall/%	NDCG	Recall/%	NDCG
BPR (2012 年)	5.55	0.0375	12.44	0.0658	9.38	0.0469
LightGCN (2020 年)	6.82	0.0443	13.98	0.0736	10.33	0.0520
SGL (2021 年)	7.19	0.0475	14.45	0.0766	10.32	0.0539
CKE (2016 年)	6.86	0.0431	13.75	0.0685	9.01	0.0382
RippleNet (2018 年)	4.22	0.0251	10.58	0.0549	8.58	0.0407
KGCN (2019 年)	5.32	0.0338	11.11	0.0569	8.87	0.0431
KGAT (2019 年)	6.75	0.0432	13.90	0.0739	9.07	0.0442
CKAN (2020 年)	6.89	0.0441	13.80	0.0726	9.91	0.0499
KGIN (2021 年)	7.12	0.0462	14.36	0.0748	10.44	0.0527
KGCL (2022 年)	7.56	0.0493	14.96	0.0793	10.73	0.0551
本节提出的模型 KRCL	**7.86**	**0.0521**	**15.65**	**0.0848**	**11.17**	**0.0582**

4.5　本　章　小　结

本章首先对知识图谱应用进行了概述,从语义搜索、自然语言问答、智能推荐和知识推理四个方面进行了分类阐述,并介绍了笔者实验室在知识图谱领域的代表性工作。如果读者对知识推理相关研究工作的详细分析感兴趣,可以参阅笔者发表的两篇相关论文《知识图谱综述——表示、构建、推理与知识超图理论》[17] 和 *Knowledge graph and knowledge reasoning：A systematic review*[18]。

参 考 文 献

[1] Ali W, Saleem M, Yao B, et al. A survey of RDF stores & SPARQL engines for querying knowledge graphs[J]. The VLDB Journal, 2022, 31 (3)：1-26.

[2] Lan Y, He G, Jiang J, et al. A survey on complex knowledge base question answering: Methods, challenges and solutions[C]. Proceedings of the 30th International Joint Conference on Artificial Intelligence (IJCAI-21), Montreal, 2021.

[3] Zhang J, Zhang L, Hui B, et al. Improving complex knowledge base question answering via structural information learning[J]. Knowledge-Based Systems, 2022, 242: 108252.

[4] Zhang L, Yin H, Hui B, et al. Knowledge-based scene graph generation with visual contextual dependency[J]. Mathematics, 2022, 10(14): 2525.

[5] Guo Q, Zhuang F, Qin C, et al. A survey on knowledge graph-based recommender systems[J]. IEEE Transactions on Knowledge and Data Engineering, 2020, 34(8): 3549-3568.

[6] Palumbo E, Rizzo G, Troncy R. Entity2rec: Learning user-item relatedness from knowledge graphs for top-n item recommendation[C]. Proceedings of the 11th ACM Conference on Recommender Systems, Como, 2017: 32-36.

[7] Luo C, Pang W, Wang Z, et al. Hete-CF: Social-based collaborative filtering recommendation using heterogeneous relations[C]. 2014 IEEE International Conference on Data Mining, Shenzhen, 2014: 917-922.

[8] Wang X, He X, Cao Y, et al. Kgat: Knowledge graph attention network for recommendation[C]. Proceedings of the 25th ACM SIGKDD International Conference on Knowledge Discovery & Data Mining, Anchorage, 2019: 950-958.

[9] Nickel M, Tresp V. Tensor factorization for multi-relational learning[C]. Joint European Conference on Machine Learning and Knowledge Discovery in Databases, Prague, 2013: 617-621.

[10] Bordes A, Weston J, Collobert R, et al. Learning structured embeddings of knowledge bases [C]. Proceedings of the 25th AAAI Conference on Artificial Intelligence, San Francisco, 2011: 301-306.

[11] García-Durán A, Bordes A, Usunier N. Effective blending of two and three-way interactions for modeling multi-relational data[C]. Joint European Conference on Machine Learning and Knowledge Discovery in Databases, Nancy, 2014: 434-449.

[12] He Y, Hui B, Guo Q, et al. Entity relation interactive graph convolutional network for knowledge embedding[C]. 2023 the 6th International Conference on Data Storage and Data Engineering, Mianyang, 2023: 1-5.

[13] Nathani D, Chauhan J, Sharma C, et al. Learning attention-based embeddings for relation prediction in knowledge graphs[C]. Proceedings of the 57th Annual Meeting of the Association for Computational Linguistics, Florence, 2019: 4710-4723.

[14] Zhou X, Hui B, Zhang L Z, et al. A structure distinguishable graph attention network for knowledge base completion[J]. Neural Computing and Applications, 2021, 33(23): 16005-16017.

[15] Wu Y, Tian L, Hui B, et al. Learning discriminative representation for few-shot knowledge graph completion[C]. Proceedings of the 7th International Conference on Intelligent Information Processing, Birmingham, 2022: 1-5.

[16] He Y, Zheng X, Xu R, et al. Knowledge-based recommendation with contrastive learning[J]. High-Confidence Computing, 2023, 3(4): 100151.

[17] 田玲, 张谨川, 张晋豪, 等. 知识图谱综述: 表示、构建、推理与知识超图理论[J]. 计算机应用, 2021, 41(8): 2161-2186.

[18] Tian L, Zhou X, Wu Y P, et al. Knowledge graph and knowledge reasoning: A systematic review[J]. Journal of Electronic Science and Technology, 2022, 20(2): 159-186.

第 5 章　基于知识超图的推理决策

在第 4 章中，着重研究了知识推理的各种方法。然而，在现实世界中，人们面临着各种认知受限的场景，其中，往往涉及大量不确定性和复杂性的情况。在这种背景下，传统的确定性推理方法可能无法完全胜任，需要更加灵活和全面的推理决策支持。基于上述背景，本章将介绍基于知识超图的推理决策方法。

知识超图的三层架构实现了事理知识、概念知识、实例知识及时空性的联合表达，能有效地提升知识超图推理能力及效率。本章首先从模型自动构建和混合推理两种重要推理模式展开，然后简要地介绍其推理任务及基本概念，概述其现有典型方法；最后，针对现有推理框架的瓶颈提出新的推理框架，并给出推理实例，旨在帮助读者了解知识超图在推理决策方面的应用。

5.1　基于模型自动构建的推理

面向复杂推理任务，目前基于深度学习的知识图谱推理方法具有较强的学习和泛化能力。但在某些特定领域，如国防、医疗等领域，基于深度学习的推理方法难以满足推理结果的可靠、可解释性这一重要需求。而模型自动构建作为一种具备适应性和分步执行能力的分析计算模式，可以将复杂的推理任务分解成具有逻辑联系的子任务组合，在达成推理任务需求的同时也更利于人的理解。

本节将首先介绍模型自动构建的概述，阐述其目标和内涵；其次分析现有主要方法的特点，包括模型基元搜索和模型组合两个类别；最后提出知识驱动的模型自动构建方法，并结合案例分析其推理求解过程。

5.1.1　任务描述

任务描述的目的是对任务进行解释，确保多部门、多系统能够对执行特定任务和处理各种突发情况有共同的理解。以无人机长距离运输的机型选择任务为例："需要从 A 地向 B 地进行长距离运输，需要选用哪些型号的无人机来完成这项任务？"一般地，首先，需要知道 A 地与 B 地的位置、环境、运输时间、物资等信息；然后，确定以前是否执行过类似的任务，即历史经验；最后，根据当前任务的约束、历史经验及无人机相关信息确定当前任务选用哪些型号的无人机及其数量，如图 5.1 所示。类似地，机器在构建这类分析推理模型时也可以采用这种思想，为了进一步介绍模型自动构建方法，现对一些核心基本概念及模型自动构建整体框架等进行详细的介绍。

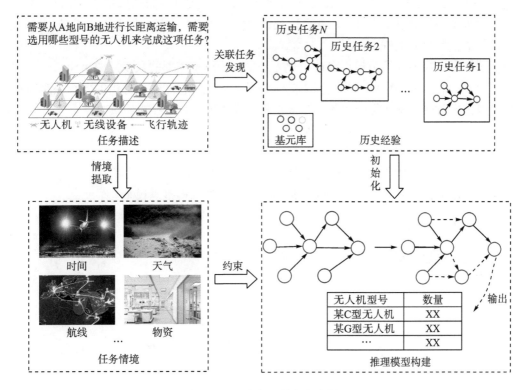

图 5.1　无人机运输任务实例

1. 基本概念

首先，对模型自动构建涉及的一些核心概念进行介绍。

任务：任务是指在一定环境和时间条件下，为达成特定的目标，而进行的一系列相互关联行动的有序集合。

任务涉及任务种类、任务主体、任务客体、任务描述或者任务动作，包含了实体、概念、属性等要素。实体指所有与分析推理任务有关的具有可区别性且独立存在的个体，如某 R 型无人机、某 M 型无人机等。概念指具有同种特性实体构成的集合，如无人机等。属性指实体或概念可能具有的特征、特性、特点及参数，如某 R 型无人机巡航速度等。

任务情境：任务情境泛指与任务目标、任务实体相关联的上下文和相关辅助信息。

从任务的角度阐述，情境是与任务相关的信息，包括任务所属的时空区域、涵盖的物理对象等。情境被广泛地定义为用于表征实体状态的信息，其中，实体是用户和应用交互过程中涉及的人、地点和对象，包括用户与应用本身。例如，从 A 地向 B 地进行长距离运输任务，此时的任务情境涉及 A 地与 B 地的位置、航线、时间、天气、物资等任务综合境况。

情境关联：情境关联是与已有任务相关联的任务，其情境之间存在的联系。新任务的情境往往不是孤立存在的，已有任务的情境可为新情境提供先验知识支撑。

根据任务情境的定义可知，分析任务情境之间的关联关系需要考虑任务中涉及的实体、任务所处的环境等要素。例如，在无人机运输方案制定中，新任务是"今年某月某天，需要向我国某地运输一批物资"，就可以根据时间、地点、物资、候选无人机型号等与已执行任务的情境建立关联。

模型基元：模型基元是模型自动构建方法中构成求解模型的最小组成单元。

模型基元可以视为任务求解过程中的子任务，如无人机运输任务中的各个决策节点。任务可以由多种模型基元组合求解，并且不同的模型基元之间存在约束，主要包括：互斥约束、共存约束、同步约束、选择约束等。

基元搜索：基元搜索是指搜索与任务适配的模型基元。

模型组合：模型组合是指把模型基元按照任务需求进行组合。即将搜索得到的模型基元与任务适配的模型基元组合在一起，构造当前任务的分析推理模型。

2. 模型自动构建整体框架

模型自动构建的整体框架如图 5.2 所示。

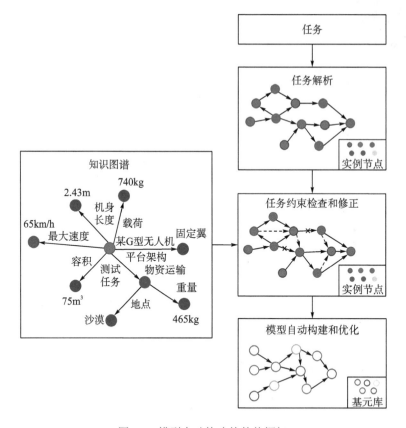

图 5.2　模型自动构建的整体框架

具体而言，将模型构建过程归纳为以下步骤。

步骤一：任务解析。任务解析是用一系列符号对自然语言形式的分析推理任务进行规范描述，形式化的任务描述有利于任务在计算机上的准确表述，为任务的计算机求解奠定基础。通过任务解析明确任务的种类、主体、客体、动作等关键信息，将复杂的推理任务分解成多个子任务(或元任务)，实现对任务的准确理解，为分析推理提供支撑。

步骤二：任务约束检查和修正。任务约束检查和修正是指通过聚合历史任务的约束信息、分析发现其中的关联知识并对任务情境约束进行检查和修正。由于任务面对的情境复杂、任务情境约束多样，约束信息难以充分地利用，导致知识关联层次复杂、不完整等，需要对任务情境约束进行检查和修正。因此，首先，可以通过对有关事件、人物进行描述性的分解、理解、再整合的分析方法，掌握任务的基本内容、任务环境等信息。其次，分析新任务情境与历史任务情境之间的关联关系，发现情境约束的隐含知识。

步骤三：模型自动构建和优化。模型自动构建和优化的关键步骤包括基元选择与基元组合。基元选择需要结合任务情境，通过筛选和学习，探索所有基元之间的潜在链接，实现与任务适配的模型基元搜索，建立模型基元搜索树。基元组合需要选择出满足任务需求的组合基元，结合多目标优化多阶段进化理论对基元进行优化，以满足复杂的分析推理任务需求，最终实现模型的自动构建与优化。

5.1.2　模型自动构建经典方法

模型自动构建是一种具备适应性和分步执行能力的分析计算模式，可以将复杂的推理任务分解成具有逻辑联系的子任务组合。模型自动构建主要包括模型基元搜索、模型组合等，如表 5.1 所示，以下分别对这两方面的研究工作进行介绍与分析。

表 5.1　模型自动构建方法对比

任务	方法类型	核心思路
模型基元搜索	基于任务语义信息的方法	根据计算任务描述与基元的匹配相似度来选择基元
	基于任务静态结构关系的方法	利用基元之间输入、输出参数的匹配关系，结合智能规划选择基元
	基于任务知识的方法	利用相关知识挖掘任务之间的深层关联关系
模型组合	静态模型组合方法	将内部逻辑、模型间数据流向及模型绑定等预先定义在业务流程中
	动态模型组合方法	根据用户请求动态地从基元库中选取若干基元进行自动组装

模型基元搜索需要从基于任务语义信息、基于任务静态结构关系和基于任务知识等方面理解任务，通过计算基元任务的匹配相似度来推荐任务基元。传统的基于语义的搜索方法，从任务描述上获取语义信息，通过计算基元任务的相似度来筛选满足任务的基元，但是仅通过任务描述获取到的任务基元，其相关度较低。因此从任务的静态结构关系出发，探索任务基元之间的输入、输出参数的匹配关系，结合智能规划组合算法，实现任务基元和任务基元组合的发现与推荐。进一步，还可以利用知识帮助挖掘任务之间的关联关系，提升任务理解能力，实现对任务情境的准确、全面理解。

模型组合方法按其动态特性可以划分为两大类：静态模型组合方法与动态模型组合方法。静态模型组合方法以业务流程为基础，其内部逻辑、模型间数据流向及模型绑定都预先定义在业务流程中，其目标是将组合模型的执行过程自动化。静态方法通过分析组合执行路径，检测组合的执行是否满足需求。静态模型组合方法的开销较小，但不能满足动态多变的任务需求。而动态模型组合方法能够根据用户的请求，动态地从模型基元库中选取若干模型基元进行自动组装。目前，动态模型组合方法主要包括基于智能规划理论的模型组合方法和基于图规划的模型组合方法。基于智能规划理论的模型组合方法通过将模型组合问题映射为一个规划问题的自动求解，即给定一个初始状态和目标状态，在模型基元集合中寻找一条模型组合路径，构建从初始状态到目标状态的演变过程。为了增强不确定环境下模型组合的自适应能力，常用的模型包括马尔可夫决策过程、启发式 Q 学习等。基于图规划的模型组合方法将模型组合映射为规划图中的动作，将模型基元的输入输出参数映射为状态，通过规划图的扩展和规划解的求解过程获取模型的组合方案。

但是，现有的任务基元搜索模型在面对新任务情境时，无法快速动态地适配新的任务需求；现有的模型组合方法难以满足动态性强的任务场景。目前，自适应任务情境的模型自动构建核心理论尚有待突破。

5.1.3   推理框架

为了克服现有模型自动构建的技术瓶颈，本节提出知识驱动的模型自动构建方法，其推理流程如图 5.3 所示，包括任务数据驱动的先验知识补全方法、情境驱动的模型基元搜索方法、知识引导的模型自动生成与优化。首先，提出任务数据驱动的先验知识补全方法，将自然语言描述的推理任务转换为结构化的描述形式(如无向图)，在场景知识图谱中进行关联知识发现，从而保证任务数据驱动的知识完备性。其次，提出情境驱动的模型基元搜索方法，结合任务情境，通过蒙特卡罗树搜索方法搜索任务相关的基元。最后，提出知识引导的模型自动生成与优化，利用任务情境的先验知识，结合多目标优化多阶段进化理论，实现分析推理模型基元的组合与优化。

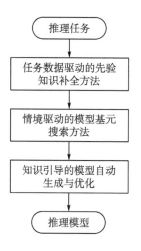

图 5.3   知识驱动的模型自动构建方法的推理流程

1. 任务数据驱动的先验知识补全方法

知识图谱中蕴含丰富的实体、概念、属性及关系等信息，可以表达信息之间的复杂逻辑关系，为任务理解提供强大的支撑。知识图谱的结构庞大且复杂，对于一个具体的任务，需要一个有效的方法挖掘出与当前任务情境有关的知识。为此，通过任务之间的关联关系，本节设计面向知识图谱的 Top-k 查询模型，在知识图谱中搜索与查询图最相似的 k 个子图，从而对任务情境进行先验知识的补全。以无人机长距离运输的机型选择任务为例，如"需要从 A 地向 B 地运输一批战略物资，物资的单个重量为 100kg，数量总计 100 个，要求运输过程中不被雷达监测到。需要选用哪些型号的无人机完成这项任务？"，先验知识的补全方法实例如图 5.4 所示。

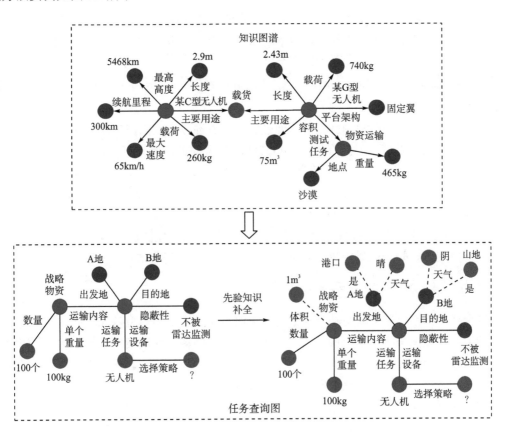

图 5.4　先验知识的补全方法实例

具体来说，将知识图谱记为 G。用无向图 Q 表示自然语言描述的任务，将其作为任务情境先验知识的查询图。查询图中的顶点分为两类：①明确顶点，这些顶点与查询中的已知的事物相对应，且类型和标签均为已知；②待查顶点，这些顶点与查询中的待查实体相对应，且类型已知，但是标签未知。例如，查询图中两个明确顶点的类型分别为"地点"和"运输设备"，标签分别为"港口"和"无人机"。待查顶点的类型为"机型"，标签待查。将查询图中顶点集合分成两个正交的子集：明确顶点的集合(记为V_Q^S)和待查顶点的集合(记为V_Q^U)。

首先，将查询图中的每一个顶点映射为知识图谱中的顶点，即图的嵌入。给定一个知识图谱 G 和一个查询图 Q。Q 在 G 中的图嵌入为入射函数 $f:V_Q^S \rightarrow V_G$。给定一个图嵌入和一个查询图顶点 q，称 $f(q)$ 为 q 在知识图谱中的匹配顶点。由于查询顶点都能通过图嵌入找到其匹配顶点，所以一个图嵌入可以和数据图的一个子图相对应。如果该子图与查询图完全同构，那么得到一个完美图嵌入，否则该图嵌入为近似图嵌入。考虑到知识图谱的噪声和不完整性，在查询时需要同时考虑完美图嵌入和近似图嵌入。因此，可以将关联知识发现定义为 Top-k 子图近似匹配问题，即找出与查询图在节点语义和图的结构最为近似的 k 个图嵌入。

其次，为了刻画查询图的拓扑特征，提出邻域向量的概念。给定一个查询图的顶点 q，q 的邻域向量表示 q 和其他顶点在查询图中的关联程度。由此，可以用 q 的邻域向量表示以 q 为中心图的拓扑特征。令查询图中有 m 个顶点，分别为 $q_1,\cdots,q_m$，用 $R_Q(q_i)$ 表示 q_i 的邻域向量，记为 $R_Q(q_i)=[\varphi_Q(q_i,q_1),\cdots,\varphi_Q(q_i,q_m)]$。其中，$\varphi_Q(q_i,q_j)$ 为 q_i 和 q_j 之间的关联分值，由关联函数计算得到。

最后，为衡量查询图和图嵌入的近似性，生成查询顶点的匹配顶点的邻域向量。通过比较两者的邻域向量可以得到查询顶点和其匹配顶点的近似度。匹配顶点的邻域向量量化该匹配顶点和其他匹配顶点的关联程度。用 $R_G(q_i,f)$ 表示 q_i 的匹配顶点的邻域向量，记为 $R_G(q_i,f)=\{\varphi_G[f(q_i),f(q_1)],\cdots,\varphi_G[f(q_i),f(q_m)]\}$。可以通过比较一个查询顶点与其匹配顶点间的邻域向量来得到两者的近似程度。

综上，通过对任务数据进行结构化描述，基于邻域向量化的思想建立查询图和结果图的相似性模型，在知识图谱中进行知识相似度度量，实现任务数据驱动的先验知识补全。

2. 情境驱动的模型基元搜索方法

结合任务情境，建立模型基元搜索树，实现与任务适配的模型基元搜索。具体地，通过蒙特卡罗树搜索来实现基元的搜索，将基元发现问题转化为决策问题的形式，并使用自动生成的激励函数作为蒙特卡罗树搜索的评估函数。以无人机长距离运输的机型选择任务为例，基于蒙特卡罗树的基元搜索过程示意图如图 5.5 所示。

蒙特卡罗树搜索方法通过在任务情境的决策空间中随机抽取样本，并根据模拟结果构建搜索树。基元对应树的节点，从树的根节点开始遍历，利用激励函数评估各节点在任务情境中的价值分数，选择价值分数高的节点进行模拟，通过反向传播更新各个节点的分数。激励函数的构建利用一种逆强化学习的方法，构建能针对任务情境的激励函数，来支撑模型基元搜索。代理通过当前的状态选择一个动作，与环境进行交互，如果一个行动导致代理的状态离任务目标更近，那么就获取正向奖励，否则将获取负向奖励。最终经过多次迭代，从搜索树中找到价值较高的基元集合作为当前任务情境下的基元搜索结果。在无人机长距离运输的机型选择任务中，状态空间由候选无人机、物资重量、任务时限等信息组成，动作空间由候选基元集合组成。代理会按照某种策略选择行动并更新状态，最后会产生一

个决策轨迹 $(s_1, a_1, s_2, a_2, \cdots, s_n, a_n)$，其目标是使模型构建算法产生与原始任务情境决策轨迹一致的行为。

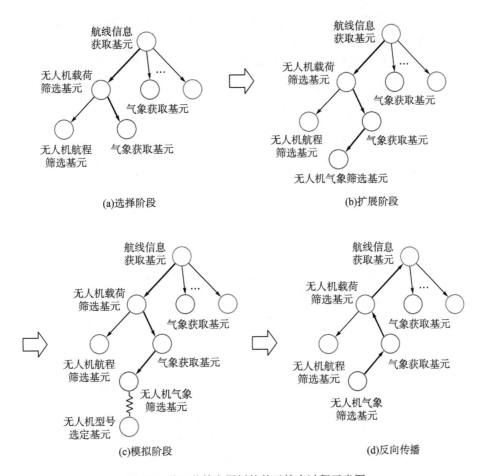

图 5.5　基于蒙特卡罗树的基元搜索过程示意图

蒙特卡罗树搜索算法每次迭代过程即基元发现过程可以通过四个阶段来描述：选择、扩展、模拟和反向传播。其中，树策略包含了选择阶段和扩展阶段，其主要功能是建立搜索树。推广策略即模拟阶段，主要是用于更新奖励值。

选择阶段：在选择阶段，从根节点即基元集合开始，向下逐层有策略地选择基元。在利用评估价值高的基元的同时还能保证探索评估价值低或还没加入搜索树中的基元，在两者之间保持着一个基本的平衡。基元的选择用上置信区间评估，影响上置信区间的要素有基元模拟的次数和根据激励函数计算的基元对应奖励值。

扩展阶段：如果选择阶段选取的基元候选子节点未被完全包含在搜索树中，那么扩展不在搜索树中的子节点。

模拟阶段：模拟阶段从选择阶段最后选择的叶节点出发，利用随机选择动作的方法向下随机选择，直到达到预设的截止条件，停止模拟。通过本次迭代中选择阶段的基元集合和模拟阶段的随机基元集合,建模预测评估模型,并将模型熵当作本次迭代选择基元集合的评价函数得到的奖励值。

反向传播:反向传播阶段将模拟阶段的奖励值更新到本次迭代过程访问的每个节点上,并更新每个节点的访问次数和其子节点的访问次数。在构建完搜索树后,从根节点开始选择每层奖励值最优的基元,即为最优的基元集合。

综上所述,结合任务情境,通过将模型基元搜索问题转换为决策问题,利用动态蒙特卡罗树搜索算法,实现与任务适配的模型基元搜索,为知识引导的模型自动生成与优化提供技术支撑。

3. 知识引导的模型自动生成与优化

知识引导的模型自动生成与优化指利用任务情境的先验知识,对分析推理模型组合优化问题进行建模。具体地,在知识图谱中进行知识相似度度量,实现任务数据驱动的先验知识补全。并结合人工免疫多目标优化理论,对分析推理模型基元进行组合,实现分析推理模型的组合与优化。

针对复杂任务情境下的多维需求,利用知识引导情境相关的基元进行组合与优化。以无人机长距离运输的机型选择任务为例。建立多维度目标函数,将基元组合成对应不同需求的基元排列集,利用目标函数对基元组合进行评估,结合情境知识,从基元组合中选择出满足多维任务需求的组合基元,最终实现模型的自动构建与优化,如图5.6所示。

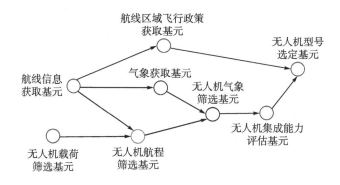

图 5.6 无人机运输任务模型自动构建结果示意图

其中,为了解决基元的组合与优化问题,本节使用一种双进化模式免疫多目标进化算法。该算法可以分为两大模块。

第一个模块通过使用由竞争个体组成的子种群来独立地优化每个子目标,采用不同的进化交叉以优化相应的目标函数,种群中的最小单元对应的是基元。具体地,通过计算不同目标函数的值来获取目标矩阵,进而选择出高适应度的基元个体并建立多个子种群。将多个子种群进行交叉和变异操作后形成的所有新子代进行收集归档,形成初始的基元排列集合。

第二个模块采用自适应网络免疫多目标进化算法,通过克隆、选择等操作同时优化所有目标函数。具体地,通过比例克隆操作复制归档集中更好的解,其中,克隆是通过拥挤距离按比例进行的，具有较大拥挤距离的解将可能被更多地克隆。然后，再将克隆后的子种群进行交叉和变异操作，并通过自适应的网络对基元排列集合进行更新，如果基元排列集合满足需求条件，那么就输出基元排列结果；如果不满足就将现有的基元排列集合作为子种群输入第一个模块，进行重新迭代直到满足任务需求。通过这种多步迭代的方式进行模型的自动构建。最终通过目标函数的优化结果来完成基元的组合与排列优化。

5.1.4　推理实例

具体地，以无人机运输机型选择任务为例，通过基于情境驱动的模型基元搜索方法得到一个任务相关的候选基元集合，如航线信息获取基元、无人机载荷筛选基元、气象获取基元等。基元是种群中的最小单元，针对任务所需的最少时间、最低燃耗等不同子目标，选择相应的基元，得到多个子种群，并通过交叉和变异操作产生新子代，得到初始的基元排列集合。在第一个模块中独立地优化每个子目标，第二个模块同时优化所有目标，即对基元排列进行调整直到满足任务要求，完成无人机运输机型选择任务的推理模型构建，得到机型选择方案。

5.2　基于知识超图的混合推理

当前，主流的知识图谱推理方法是基于神经网络的模型，可以自学习数据特征，避免烦琐地手动设计规则，具备较强的扩展性和可移植性。但由于其黑盒性和不确定性，该类方法在可靠性和可解释性上存在着不足。因此，融合深度学习与传统基于规则推理方法的知识混合推理，可以更好地应对现实世界中的复杂问题。本节介绍基于知识超图的混合推理方法，包括混合推理的任务描述、知识混合推理典型方法、知识图谱混合推理框架和知识问答案例四部分内容。

5.2.1　混合推理的任务描述

混合推理任务定义为：通过融合不同的推理模式，如基于规则、基于统计、基于分布式表示、基于神经网络的推理等，应对复杂的推理任务。在知识的统一表征下，知识与数据被结构化处理和利用，混合推理的应用空间得到进一步的拓展。

具体地，以无人机应用中的灾情探查为例，需要根据灾害种类、环境、位置等信息推理出对所用无人机的类型和携带设备的要求。例如，对森林火灾的探查则要求无人机能上升至较高的高度，具备高抗风性和动力性能(火场上方升力降低)，可能需要携带灭火吊舱，可以深入火灾区域内部扑灭大火。对输出的要求除了位置信息，还要求可以传输清晰的视频和图像信息。在上述复杂推理任务中，对无人机的需求并不是一成不变的，合理地配置和使用无人机可以极大地提高工作效率，减少无意义的重复工作。因此，以现实情况为依托根据使用目的推断出所需无人机的数量和类型，以及所携带设备的类型是非常有价值的。

为了提升知识图谱推理在此类复杂场景中的适用性，本节设计一种基于知识超图的混合推理框架，包括高阶逻辑泛化的规则发现、知识嵌入的渐进演绎推理和图增广匹配的因果拓扑生成三个核心步骤。首先，引入基于图谱路径采样的高效归纳推理策略，生成多粒度的泛化网络，过滤低效、冲突的规则，并基于一致性保证的规则优化方法，实现高质量泛化规则集的构建。从而形成可信、强适配的推理规则集合，为推理分析奠定逻辑基础。其次，面向具体的业务分析推理任务，构建逻辑规则导引的演绎推理图，通过知识嵌入增强语义信息，并引入外部知识与专家提示迭代机制。实现融合规则、数据、外部知识、专家经验的任务渐进演绎推理求解。最后，构建事件溯因匹配模型，生成最优事件序列，并进行历史事件增广匹配，形成涵盖诱因、线索图、类似事件的因果拓扑图。从原因解析、过程还原、相似案例发现等方面，全面地提升推理分析结果的可解释性。

5.2.2　知识混合推理典型方法

目前知识的混合推理主要包括三类方法：基于规则与分布式表示的混合推理、基于神经网络与分布式表示的混合推理，以及基于规则与神经网络的混合推理。

基于规则与分布式表示的混合推理方法综合了逻辑规则的推理能力和分布式表示的数据处理能力。基于规则的知识推理使用符号逻辑表示知识和推理规则，分布式表示的机器学习技术把实体和关系映射到低维向量空间，可以很好地处理大规模的复杂知识。基于规则和分布式表示的混合推理方法可以用于约束与指导分布式表示模型的学习和推理过程。规则可以帮助模型处理逻辑约束、优化推理路径、解决歧义问题等。分布式表示模型可以为规则提供更丰富的语义表达能力和更高的推理效率。然而，由于目前的混合推理技术主要是以某种特定方法为推理核心，还局限于浅层次的混合，难以实现高效的推理输出。

基于神经网络与分布式表示的混合推理方法结合了神经网络良好的学习能力和表达能力及分布式表示处理大规模复杂知识的计算能力。混合模式主要有两种：一种是基于神经网络方法建模外部信息，另一种是用神经网络方法建模知识图谱，将输出进一步用于分布式表示模型。现有方法可以通过捕捉文本关系的组成结构，共同建模文本关系三元组和知识图谱三元组，用神经网络学习文本关系得到其向量表示。然而，该方法不能有效地处理只有实体描述而不存在知识图谱三元组的情况。针对上述问题的改进方法可以结合三元组和实体描述学习规则进行表示。

基于规则与神经网络的混合推理方法结合了传统的规则推理方法的优势和神经网络的学习能力，提高推理任务的准确性和泛化能力。基于规则与神经网络的混合推理方法主要将规则转化为向量操作，应用到强学习能力的神经网络中。应用方法有三种：规则指导神经网络训练、神经网络与规则的融合推理和神经网络与规则的迭代优化。目的都是把规则推理的可解释性和准确性优势融入神经网络的学习能力中，将二者的优势区间重叠起来。但是，现有的混合推理方法未能有效地融合规则学习的强解释能力和神经网络的强泛化能力，导致模型难以获得高可靠可解释性推理结果。

总体而言，针对大规模知识图谱，现有混合推理方法能够将逻辑规则和嵌入表示进行结合，但从模型内部分析，缺乏逻辑清楚的推理过程，无法保证知识推理结果的高可靠可解释性。混合推理典型方法对比如表 5.2 所示。从整体推理框架分析，现有工作倾向于端到端的形式，依然难以应对复杂的推理决策任务。当前各种行业的自动化、智能化不断推进，对计算机的智能决策能力要求也越来越高，需要计算机做出决策的场景由简单逐渐向复杂过渡，所以设计一个可靠的、能解决复杂场景下的推理决策任务的混合推理方法具有显著的意义。

表 5.2　混合推理典型方法对比

方法类别	优点	缺点
基于规则与分布式表示的混合推理方法	具备逻辑规则推理能力和较强的数据处理能力，能很好地处理大规模复杂知识	混合层次较浅，难以实现高效的推理输出
基于神经网络与分布式表示的混合推理方法	兼具神经网络良好的学习能力、表达能力，以及分布式表示带来的处理大规模复杂知识的计算能力	针对只有实体描述，而不存在知识三元组的情况，不能有效地处理
基于规则与神经网络的混合推理方法	兼具传统规则推理方法优势和神经网络学习能力，具备较强的推理准确性和泛化能力	不能有效地融合规则学习的强解释能力和神经网络的强泛化能力，难以获得高可靠可解释性推理结果

5.2.3　知识图谱混合推理框架

为了解决现有混合推理框架难以在复杂场景下实现推理决策的问题，提出知识超图混合推理方法，整体框架如图 5.7 所示。知识超图混合推理方法整体框架主要包含三个步骤：高阶逻辑泛化的规则发现、知识嵌入的渐进演绎推理和图增广匹配的因果拓扑生成。

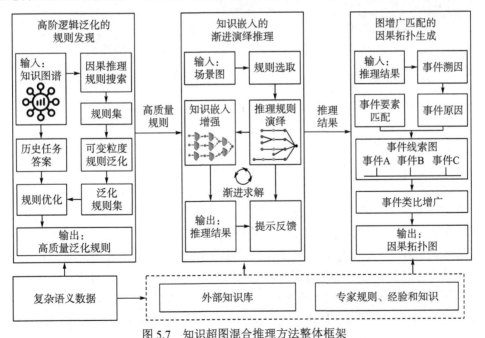

图 5.7　知识超图混合推理方法整体框架

1. 高阶逻辑泛化的规则发现

知识超图中包含着大量事件信息，发现其中的因果关联、规则规律等信息，能够为整个推理过程提供依据。为此，本节提出一种高阶逻辑泛化的规则发现方法整体框架，如图 5.8 所示，其中，符号"∧"代表"与"，符号"∨"代表"或"，符号"⊢"代表"推导出"。

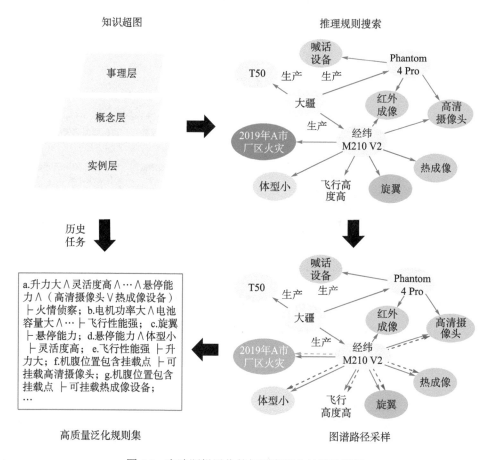

图 5.8　高阶逻辑泛化的规则发现方法整体框架

首先，研究高阶逻辑泛化的规则发现方法。以知识超图作为输入，基于推理规则搜索的方式，初步生成规则集。具体地，现有知识图谱中无人机与无人机相关节点包含的信息种类多、范围广，包括无人机型号、大小、可挂载设备种类、续航时间、生产厂家信息，以及现实应用案例等。对这些节点及邻居节点进行采样，并进行二次加工。经过简化，可以得到以无人机为中心节点的知识子图，这些知识子图可能不只包含一类无人机。以无人机在灾害中的应用为例，在构建子图过程中可以发现：火灾中经常使用到的无人机通常都具备一个或多个机腹挂点，城市火灾中的无人机体型较小，且通常为旋翼，自然火灾中会使用大型固定翼无人机等。在 M 国 Y 地大火的侦察中，就使用到了具备机腹挂点的某型摄像无人机，消防员通过无人机传回的高清图像侦察火情，通过灾后 2D 和 3D 建模评估毁伤情况。

其次，基于结构搜索进行图谱路径采样，为规则模板中的节点分配权重。计算推理路径的排名，得到包含高置信度推理路径的搜索结果。之后设计搜索策略实现基于强化学习的路径搜索。最后通过结构搜索的图谱路径采样方法，实现高质量、高可靠路径搜索，得到可靠的知识推理路径。整体过程基于强化学习，设计强化学习奖励函数，用强化学习指导随机游走。通过该方法，可以给规则模板中各节点分配权重，权重即为节点对需求的影响程度。例如，存在推理任务：某山区发生泥石流，需要设备深入灾区快速地评估灾区情况，帮助寻找受困者及制定救援计划。通过该方法可以发现规则模板中"体型小""可挂载高速图像采集设备""升力大"等节点具备较大的权重。

最后，结合历史任务答案和返回规则集进一步优化，基于一致性保证的规则优化方法与过滤低效、冲突的规则，实现高质量泛化规则集的构建，为知识嵌入的渐进演绎推理提供支撑。具体做法是根据相关性聚合搜索规则来计算历史任务答案和泛化规则之间的关联性，根据置信度进行规则筛选，从而实现高质量泛化规则集的构建。已存在的规则模板像是一个个的案例，粒度小，构建泛化规则就是对这些案例的"提纯"。以某次 M 国 Y 地大火中利用无人机开展火场侦察和灾害评估的事件为例，如图 5.9 所示，可以构建出这样的泛化规则：

a. 升力大∧灵活度高∧…∧悬停能力∧（高速图像采集设备∨热成像设备）⊢火情侦察；

b. 电机功率大∧电池容量大∧…⊢飞行性能强；

c. 旋翼⊢悬停能力；

d. 悬停能力∧体型小⊢灵活度高；

e. 飞行性能强⊢升力大；

f. 机腹位置包含挂载点⊢可挂载高速图像采集设备；

g. 机腹位置包含挂载点⊢可挂载热成像设备；

…

高质量的泛化规则可以类比成知识超图中的概念层知识，粒度更大，知识更凝练，可以直接用于现实场景中的推理任务。

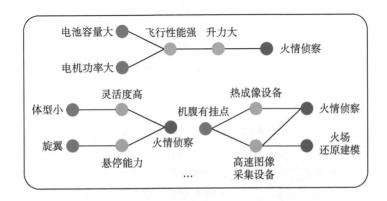

图 5.9　从部分火灾案例归纳出的泛化规则实例

2. 知识嵌入的渐进演绎推理

针对具体的推理任务，需要充分地利用外部知识和专家经验，获得理想的推理结果。为此，本节提出一种知识嵌入的渐进演绎推理方法。

首先，知识嵌入的渐进演绎推理以场景图作为输入，结合高质量泛化规则库生成演绎推理网络。基于场景图和泛化规则库的演绎推理网络生成如图 5.10 所示。场景图来源于针对具体推理任务的语义理解，推理任务包含多种模态，其中，文本和图像类型居多。以文本形式的任务描述为例，利用基于预训练模型的语义解析算法，通过基于框架的句法分析算法循环逐步切分复杂任务，获得复杂任务句子的主干，将复杂任务语句转化成一个具有多个分支的简单语句。利用信息抽取的方法提取解析后任务中的实体。通过在知识库中查询抽取出的实体，得到以该实体节点为中心的推理任务语义逻辑图。任务理解是本步骤中的关键一环，它涉及对任务的深入理解并根据上下文来确定任务的实际意图。

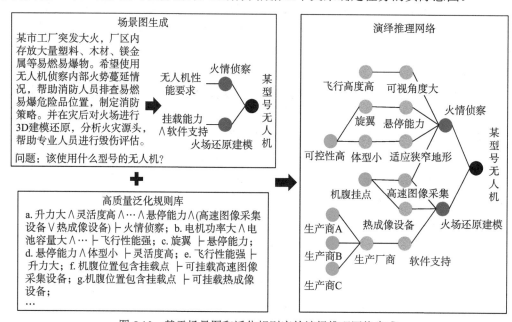

图 5.10　基于场景图和泛化规则库的演绎推理网络生成

其次，利用高质量规则集进行推理规则的演绎，同时结合外部知识输入和专家知识输入多次演绎，渐进求解最终的推理结果。高质量规则集进行推理规则的演绎过程如图 5.11 所示。

在外部知识库的构建过程中，专家规则、专家知识和专家经验会指导外部知识库的构建，验证知识的正确性，并进行适当地扩充。对于外部知识的输入，提出知识-场景双驱动的外部知识填充方法。基于现有外部知识库的类型，过滤与推理任务主体相关的外部知识，开启外部知识库至演绎推理网络的主动填充通道。基于当前推理场景下的各类推理要素，开启演绎推理网络至外部知识的被动填充通道。基于填充后的推理网络，进行中间结果的推理，中间结果会被专家部分修正和指导，同时剔除无用的外部知识，增加可支撑推理的外部知识。该过程循环进行，渐进求解最终的推理结果。

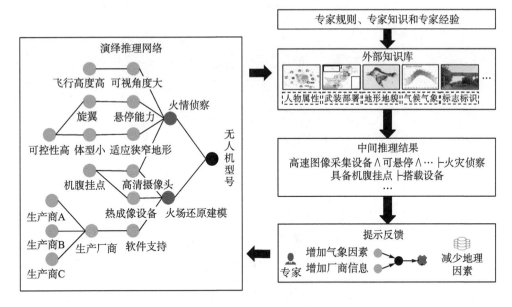

图 5.11　高质量规则集进行推理规则的演绎过程

3. 图增广匹配的因果拓扑生成

针对前一步骤输出的推理结果，结合事件溯因推理方法，匹配事件的线索要素，输出事件线索图，进而通过事件类比增广的方式输出事件因果拓扑图。从事件发展过程到历史事件复现全过程两方面，提升推理分析结果的可解释性。

首先，构建事件溯因匹配模型，生成最优事件序列。先对包含推理结果的演绎推理网络进行嵌入表示，经过嵌入表示的演绎推理网络会转换成容易计算的向量形式，在嵌入空间的基础上，引入路由选择算法，计算推理逻辑路径的重要度，从逻辑路径的角度优化逻辑网络。之后进行有向逻辑关系编码，对逻辑网络进行区分度增强的邻域信息汇聚，从邻域结构的角度强化推理逻辑。由此，高置信度节点代表重要程度高，又处在推理的起始位置的节点，可认为是事件发生的主要原因，由此类节点出发至推理结果的路径即为最优事件序列。从图结构到引入路由选择和邻域信息汇聚的整体过程如图 5.12 所示。

之后，进行历史事件增广匹配，形成涵盖诱因、线索图、类似事件的因果拓扑图。从原因解析、过程还原、相似案例发现等方面出发，全面地提升推理分析结果的可解释性。对于经过事件溯因推理和线索要素匹配而生成的事件线索图进行历史事件的增广匹配，目的是增加推理结果的置信度。基于不同应用场景下的场景图关键节点匹配，筛选出相关的候选历史任务，先进行节点和图的嵌入表示，把二者转化为易于计算的向量结构。利用邻域编码模型，基于 GNN，实现任务间可区分度增强的邻域信息汇聚，不同种类任务在嵌入空间中有显著的差异性。分别计算全局相似性和局部相似性，给出候选结果评分，并进行基于相似性评分的候选任务排序。相似历史任务最后帮助修正事件因果关系，寻找相关线索要素节点，达到优化因果拓扑的目的，从而输出当前场景下推理结果的因果拓扑图。

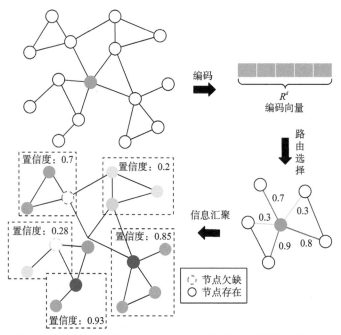

图 5.12　从图结构到引入路由选择和邻域信息汇聚的整体过程

综上，通过高阶逻辑泛化的规则发现、知识嵌入的渐进演绎推理和图增广匹配的因果拓扑生成三个核心步骤实现基于知识超图的混合推理。

5.2.4　知识问答案例

本节将进一步以实际应用为基础，阐述基于知识超图的混合推理框架，如图 5.13 所示。该框架主体包括三层：基础查询、渐进演绎推理、历史事件增广。本节将分别介绍知识问答各个层次的推理过程。

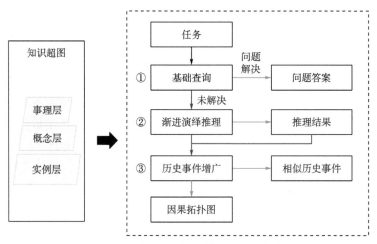

图 5.13　基于知识超图的混合推理框架

1. 基础查询

基础查询以用户关于特定领域或主题的问题文本作为输入，基于自然语言处理和知识图谱查询技术，给出查询回答。基础查询系统利用事先构建的知识库中的信息，以准确和详细的方式提供答案。整体工作原理涉及知识库的构建、任务解析、查询过程生成、答案抽取和展示。在实际方案设计中，基础查询系统采用已构建的知识超图，并结合笔者所提出的自然语言问答模型（见本书 4.2 节）。

当任务可以通过自然语言问答模型直接找到答案，就不需要启动渐进演绎推理步骤和历史事件增广步骤。例如，问题："2020 年 A 国发生大面积山火时使用了什么类型的无人机，这些无人机被用于完成什么任务了？"可以直接在知识库中找到案例，返回答案。

2. 渐进演绎推理

当第一步自然语言问答无法给出可靠答案时，则设计一种基于渐进演绎推理的推理策略，核心思想是基于现实世界物理规则和事件的演化规律，用来从给定的前提和知识中推理结论。如当存在这样的问题："我现在有一架 senseFly eBee X 固定翼无人机，想在一天之内检查 500 公顷的农场受虫灾情况，我该携带什么规格的设备？怎么规划飞行路径？"对此类问题，就需要经过任务解析，结合泛化规则集进行知识推理。

在实现渐进演绎推理之前，需完成规则森林的构建。针对事理层中存储的推理规则，由于事理层存储的规则三元组泛化程度高，而推理任务通常只包含实例层实体，需要进行实体概念的抽取，从而由特殊具体的事例推导出一般性原理和原则。问题三元组与前提条件三元组均是基于具体的事例直接抽取得到的，与规则三元组相比缺少泛化和抽象的过程，可能会出现后续步骤中匹配度不高甚至无法匹配的现象，因此对问题三元组和前提条件三元组做一定程度上的概念抽象是有必要的。

成功匹配到的所有推理规则头三元组会作为规则森林中各树的根节点。从各树根节点出发，将事理层规则头三元组对应的规则体三元组作为根节点的孩子节点，并遍历当前根节点的孩子节点，分别将孩子节点作为根节点并将其作为事理层的规则头三元组。具体地，在遍历过程中，若已知前提和知识无法满足推理规则中的某个规则头，则从规则库中检索规则集，用于推理缺失规则头三元组。以无人机在城市火灾救援中的应用为例，当产生如下推理路径时：拍摄能力⊢无人机火情侦察；图像传输能力⊢拍摄能力；高速采集⊢图像传输能力，在某一类型的无人机配置中，是否搭载高速图像采集设备是未知的，需要根据已知信息进行推断。例如，根据规则库，可以推断出配置高速图像采集设备的路径有两个，其中，第一条规则的所有节点都为已知，则选择根据两条规则"机腹位置存在挂点⊢可挂载高速图像采集设备；载荷∨摄像设备⊢机腹位置存在挂点"推理出缺失规则头。缺失规则头推理过程如图 5.14 所示。

除此之外，也可能会出现一个根节点对应多条不同规则的情况，将其称为规则的并集，即满足其中一条规则即可推理成功，不需要满足所有规则。之后，利用与问题三元组匹配的规则森林，可以找到所有与问题三元组有一定程度相似的规则，利用逆向推理（backward inference)方法基于问题三元组的前提三元组集合对规则体三元组进行筛选，以筛选出最满足前提三元组集合的规则树。

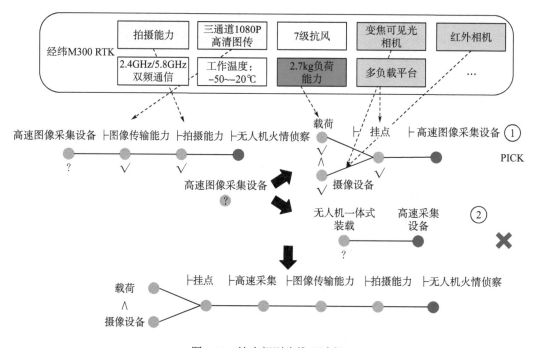

图 5.14　缺失规则头推理过程

3. 历史事件增广

历史事件增广是指通过对用户输入的信息进行关联分析,对与当前推理任务相似的历史事件进行推荐。知识超图通过层次之间的映射与层次化结构约束搜索范围来实现全面的历史推荐任务处理。例如,问题: "2007 年,某 R 型无人机在 Y 地山火期间参与了火情的拍摄工作,此次事件之后至今有什么类似事件?"需要启动相似事件推荐步骤,检索历史相似事件,根据历史真实情况给出推荐。推荐的依据是某 R 型无人机的应用、无人机在火灾中的应用、无人机用于拍摄工作等。本节将对推荐任务的定义及其相关步骤做详细的阐述。

1)推荐任务的定义与形式化表示

推荐的输入是自然语言描述的推荐任务信息(也称源任务),推荐的结果以三元组集合列表的形式展示。推荐的形式化表示如下:

$$R_r = R(S_r; G)$$

式中, R 表示推荐操作; S_r 表示源任务; G 表示知识超图, $R_r = [\{G'_1\}, \{G'_2\}, \cdots, \{G'_i\}]$ 表示推荐结果, $\{G'_i\}$ 表示返回的第 i 个答案(三元组集合)。

2) 推荐任务的处理过程

基于知识超图的推荐首先将用户输入的源任务表示成源任务图,然后基于任务模板对源任务图表示进行增强,最后计算源任务与历史任务的相似度为用户推荐相似的历史任务。基于知识超图的推荐任务流程如图 5.15 所示。

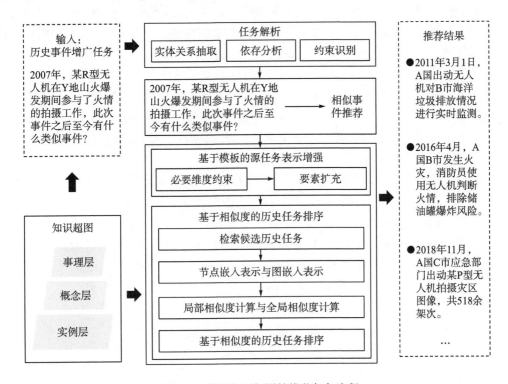

图 5.15　基于知识超图的推荐任务流程

以 "2007 年,某 R 型无人机在 Y 地山火爆发期间参与了火情的拍摄工作,此次事件之后至今有什么类似事件? " 为例,基于知识超图的推荐方法主要步骤如下所示。

(1) 推荐任务输入。将源任务 S_r "2007 年,某 R 型无人机在 Y 地山火爆发期间参与了火情的拍摄工作,此次事件之后至今有什么类似事件" 输入推荐任务程序。在本部分中输入任务是自然语言文本,对任务的解析将在下一步进行。

(2) 推荐任务解析。对源任务进行解析,将自然语言形式的任务转化为图结构表示($G_r = <V_r, E_r>$, V_r 表示节点集合, E_r 表示边集合)。在该过程中涉及自然语言处理相关技术,包括分词、词性标注和句法分析,用于切分自然语句,确定词性,然后解析语句结构和依赖关系;命名实体识别和指代消解,用于识别自然语句中的实体,并解决其中的指代问题;实体抽取和关系抽取,用于识别实体并推断实体间关系,进而构造源任务自然语言描述所对应的图结构表示。

(3) 源任务表示增强。源任务是人为输入的短自然文本,不包含完整的上下文信息,常识性知识也不存在,所以任务解析得到的图结构是一个个片段。片段不能支持程序准确地给出推荐结果,因此源任务表示增强要做两件事。首先,根据任务模板的最小维度范围,借助知识超图从概念层对源任务进行表示增强。其次,根据约束条件从概念层到实例层的对应相关要素进行扩充。以"某 R 型无人机参与火情的拍摄工作"为例,可扩充的要素包括:机型为超大型无人机、固定翼无人机、机载燃料承载能力强,负载能力超过 7000kg、续航时间长,可持续飞行 36h、可实现跨洲际飞行等。

(4)历史任务图子图排序。源任务包含实例层实体,但实例层实体对于相似事件推荐任务来说粒度过小。所以历史任务的检索应以概念层的实体类型为约束,用于检索相似任务得到候选集合。例如,"某 R 型无人机"对应的概念层实体为无人机等。对于任务候选集,计算源任务与历史任务的相似度。具体做法是基于节点嵌入表示和基于注意力的图嵌入表示,先使用神经张量网络计算两个嵌入向量的相似性,再用向量内积计算节点之间的相似性,生成相似矩阵并转换成直方特征向量,最后计算任务间相似性。任务间相似性分数最高的一项或几项会作为推荐任务的结果,输出给用户。同时当前任务也会被保存到历史任务库中,作为任务实例参与以后的推荐任务。

(5)推荐结果输出。相似事件推荐任务的最后输出是 top-k 个相似历史任务列表 R_r,以"某 R 型无人机参与火情的拍摄工作"任务为例,该任务输入程序后产生的输出:

R_r =[{(某 R 型无人机,时间,2007 年),(无人机,拍摄,山火火情),…},{(某 R 型无人机,时间,2011 年 3 月 11 日),(无人机,监测,B 市海洋垃圾排放情况),…},…,{(无人机,时间,2016 年 4 月),(无人机,排除,储油罐爆炸风险),…},…,{(某 P 型无人机,时间,2018 年 11 月),(无人机,拍摄,灾区图像),…},…]

5.3　本 章 小 结

知识推理在整个知识图谱理论与技术框架中占据着十分重要的地位,是知识图谱研究的一大重点和难点,在实际工程中也有非常广泛的应用场景。本章从基于模型自动构建的推理决策和基于知识图谱的混合推理出发,定义推理决策任务及基本概念,介绍不同推理决策方法,并提出知识驱动的模型自动构建和知识超图混合推理方法。

第6章 知识超图平台设计

基于前期在知识超图理论及应用领域的研究，本章设计并实现全自主知识产权的知识超图平台（knowledge hypergraph platform，KHP）。该平台具有两个显著的优势：首先，在知识图谱的边基础上扩展出超边，超边用一条闭合曲线构成的区域来表示，这个区域可以包含多个节点，体现的是真实世界中多个实体间的高阶交互，即多个实体在某一属性上的共有关系。其次，平台将知识抽象为事理层、概念层、实例层，实体与关系不仅可以存在于同一层级中，也可以存在于不同层级之间，通过层与层之间的知识互补性和知识时空特性，减小知识推理的查询空间，学习其中隐含的时空关系。本章将从总体设计、数据设计、功能设计等三个方面介绍知识超图平台设计。

6.1 典型图数据库

随着大数据时代的到来，互联网领域中积累了海量的数据。如何利用这些数据来产生价值，是学术界和工业界一直在思考的问题。在数据的关联分析中，传统的关系型数据库需要产生大量的关联信息，随着数据规模的增大，传统关系型数据库缺乏灵活性和可扩展性，数据库的查询性能和关联操作性能会呈指数级下降。图数据库相较于传统的关系型数据库，将实体作为点，关系作为边，能进行丰富的关系表示与完整的事务支持，提供了高效的关联查询和完备的实体信息，在社交网络分析、知识图谱构建、推荐系统等领域取得了巨大的成功。

本节选取三种典型的图数据库进行介绍，分别是 Neo4j、ArangoDB 及 Dgraph。

6.1.1 Neo4j

Neo4j[1]是由 Neo4j 公司基于 Java 开发的高性能、原生图数据库管理系统（2007 年首次发布），专门设计用于存储、管理和查询图结构数据。Neo4j 专注于图形数据，将数据视为节点和关系，强调实体之间的连接和关系，其中，节点表示实体，关系表示实体之间的连接，节点和关系都可以具有属性。这种设计理念使得在复杂关系中进行遍历和分析变得高效。

在查询语言方面，Neo4j 采用 Cypher 语言进行查询，通过使用 Cypher 语言，开发人员可以轻松地执行复杂的图形查询和分析操作。Cypher 提供了一种声明性且直观的语法，使得表达图形模式和关系的查询变得简单。作为使用最广泛的图数据库之一，Neo4j 以其卓越的性能而闻名。它使用了一些优化的数据结构和算法，以高效地存储和处理图形数据。这使得在大规模数据集上进行复杂的关系查询和分析变得非常快速。此外，Neo4j 提供了ACID（原子性（atomicity）、一致性（consistency）、隔离性（isolution）、持久性（durability））事务支持，确保数据的一致性和可靠性。

Neo4j 在许多领域都有广泛的应用。它在社交网络分析、推荐系统、网络和信息技术（information technology，IT）运营、知识图谱等方面发挥着重要的作用。通过图形数据的建模和查询，Neo4j 使得复杂的关系与连接变得可视化和易于理解。它的灵活性、高性能和丰富的功能使得开发人员能够构建出强大的应用程序，从而在各个行业中获得更深入的洞察力和价值。

6.1.2 ArangoDB

ArangoDB[2]是由 ArangoDB 数据库公司开发的一款全功能的多模型数据库管理系统（2012 年首次发布），旨在满足不同类型数据的存储、查询和分析需求。它采用多模型方法，支持文档、图形和键值等不同数据模型在一个数据库系统中共存，使开发人员能够在一个统一的数据库中处理各种数据类型。

ArangoDB 的设计理念是灵活性和多样性。它提供了图数据模型，以便于处理实体之间的关系和连接。图数据模型在社交网络、推荐系统和知识图谱等领域具有重要的应用。此外，它还采用了面向文档的数据模型，支持类似 JSON 的文档存储。开发人员可以以自由形式定义文档结构，从而灵活地适应不断变化的数据需求。当开发新项目过程需要保持灵活性时，ArangoDB 作为原生多模型数据库拥有很大的优势。

ArangoDB 引入了 Arango 数据库查询语言（ArangoDB query language，AQL）作为统一的查询语言。AQL 支持复杂的查询操作，包括文档查询、图形遍历和连接查询等。它提供了丰富的查询功能，使得开发人员能够轻松地执行跨模型的查询和数据操作。

另一个重要的特点是 ArangoDB 的分布式架构。它支持水平扩展和数据复制，可以将数据分布在多个节点上，实现高可用性和容错性。在跨多个节点执行操作时，分布式事务机制能够确保数据的一致性和隔离性。

ArangoDB 在各种应用场景中都具有广泛的应用。它适用于内容管理系统、用户个性化推荐、物联网和实时分析等多个领域。ArangoDB 的多模型支持、灵活的数据建模和强大的查询功能使得开发人员能够更好地管理与分析不同类型的数据，从而构建出高效、灵活和可扩展的应用程序。

6.1.3 Dgraph

Dgraph[3]是由 Dgraph 实验室公司开发的一款分布式图数据库（2016 年首次发布），它利用分片和复制等技术将数据分布到多个节点上，确保高可用性。Dgraph 的设计理念是可扩展性和低时延的图形处理，由于其分布式存储的特性，Dgraph 能处理和存储大规模的图结构数据。

　　Dgraph 的核心特点之一是其分布式架构。它可以水平扩展，将数据分布在多个节点上，以支持大规模数据集和高并发访问。分布式复制和分片存储确保数据的高可用性与容错性。在查询语言方面，Dgraph 引入了 GraphQL/DQL 作为查询语言，该语言基于 GraphQL/DQL 语法并扩展了一些图特定操作。GraphQL/DQL 提供了强大灵活的查询功能，可以进行复杂的图遍历和数据操作。它支持连接、过滤、排序和聚合等功能，使开发人员能高效地查询和分析图数据。

　　Dgraph 还注重低时延和高吞吐量的图处理。它使用了多种优化技术，如分布式索引、缓存和查询计划优化，以实现快速的查询响应时间和高并发处理能力。Dgraph 的设计目标是在大规模图形数据集上实现高性能的查询和分析。

　　Dgraph 广泛地应用于多个领域，如社交网络分析、推荐系统、知识图谱和实时推送等。它的分布式图形处理能力和灵活的查询语言使得开发人员能够构建出高度并发、可扩展和响应快速的应用程序。Dgraph 是一个强大的工具，能够处理大规模图形数据，并为复杂关系和连接提供深入的分析与洞察力。

6.1.4　主流图数据库对比

　　以上三类图数据库具有各自的优点，能够胜任不同的领域和应用场景，但其在多模态数据处理、多维关系建模等方面还有所欠缺。KHP 在设计时更关注在处理多模态数据、多源数据整合及多维关系建模等方面的特性，并提供了更加强大的查询和分析能力。表 6.1 展现了我们设计的 KHP 与三个典型图数据库（Neo4j、ArangoDB、Dgraph）的功能对比。

表 6.1　Neo4j、ArangoDB、Dgraph 及 KHP 的功能对比

特点	Neo4j	ArangoDB	Dgraph	KHP
数据模型	原生的图数据库	文档/图/KV 数据库	分布式图数据库	分布式图数据库
适用规模	因不支持图分片，可用于中小规模的图形数据	在处理多种数据模型和复杂查询时具有良好的性能，适用于中等规模图数据查询	大规模、分布式和高并发的数据图查询	大规模、分布式和高并发的图数据推理分析
多边支持	支持	不支持，需通过两点间添加中间节点来实现	不支持，两点之间只能存在一条边	支持匿名类型和命名类型的多边（关系）
超边支持	不支持	不支持	不支持	支持事实类型超边和事件类型超边
边上属性支持	不支持	支持	不支持	边上内置时间属性，并支持属性动态扩展
可扩展性	开源社区版只支持单机、一个图实例	分布式集群模式支持集群横向扩展	一个集群只支持一个图实例	支持多图、多租户的横向扩展
高可用	开源社区版只支持单实例、冷备份	主从备份或分布式集群模式支持	分布式集群模式，原生支持高可用	分布式集群模式，原生支持高可用
知识推理	不支持	不支持	不支持	内嵌多种推理算法
知识抽取及融合	不支持	不支持	不支持	支持非结构化文本的知识抽取及知识融合

特点	Neo4j	ArangoDB	Dgraph	KHP
适用场景	强调实体关系的图形数据处理，在处理复杂关系和图形查询方面具有优势	在一个数据库中处理多种数据模型	大规模图形数据处理和分布式环境要求	基于大规模图数据的知识推理、智能问答等应用场景
应用领域	社交网络分析、推荐系统、知识图谱等	内容管理系统、个性化推荐、物联网等	社交网络、推荐系统、知识图谱等	特定领域(军事、公安等)的知识推理、知识推荐、知识分析等
中文支持	不支持中文实体类型定义，仅支持中文属性值存储	不支持中文实体类型定义，仅支持中文属性值存储	不支持中文实体类型定义和中文图空间名，仅支持中文属性值存储	全面支持中文定义实体类型、属性名称、中文属性值，以及中文查询、问答、推理

6.2 总 体 设 计

根据 6.1 节的介绍与分析，当前典型图数据库系统无法充分地支撑知识超图的构建与推理分析。为此，我们提出一种 KHP 设计方案，集成图数据库引擎，以及知识超图构建和推理等功能，可以有效地支撑知识超图的构建与应用。KHP 主要具备以下特点。

(1)引入超边表示：支持两种类型超边(事实类超边、事件类超边)。接口允许用户定义两种不同类型的超边，其中，事实类超边用于表示实体之间的静态关系，事件类超边用于表示实体之间的动态行为或事件序列，以满足多样化的知识表达。

(2)时间信息全面刻画：丰富边的定义，允许用户为边添加动态属性，以便更准确地描述节点之间的关系；为关系引入时间段属性，更好地描述两点间多种关系随时间变化而发生改变的过程及基于时间维度的查询和分析。

(3)支持知识构建与推理：集成了大量的知识构建、知识推理模型，形成图数据库引擎和知识推理引擎融合的知识超图平台。

(4)自主可控：KHP 的所有代码完全自主可控。并引入中文处理技术，全面地支持用户使用中文对基于图的知识进行表达、定义、查询、问答及推理。

6.2.1 框架设计

KHP 总体框架设计图如图 6.1 所示，自下而上分为数据存储层、计算分析层、场景交互层及业务应用层。

数据存储层可以存储结构化数据、半结构化数据和非结构化数据。结构化数据包括描述实体、关系、超边类型的元数据，以及含有详细属性信息的实体关系数据，还包括为实现快速查询为每个图元素的每个属性信息建立的索引数据。结构化数据是 KHP 的核心，它为知识超图的构建、展示、搜索、推理提供数据基础。半结构化数据主要用于存储在知识超图平台的使用过程中产生的具有一定格式或格式有一定规律但不完全一致的数据，例如，日志文件、系统监控数据、逗号分隔值(comma-separated values，CSV)文档、JavaScript 对象简谱(JavaScript object notation，JSON)文档等。半结构化数据为系统运行提供运维保障，也为系统提供数据导入导出及备份的能力。非结构化数据包括在知识超图的构建过程中可能会使用到的多样化的数据，例如，文本文件、多媒体数据等。这些数据能从更多维度描述一个实体对象的具体信息，还原实体在现实世界的真实面貌，如无人机"某 R 型无人机"的图片可以更直观地描述该机型的外形特征。非结构化数据除了能丰富实体对象的属性信息，也能为知识超图的构建提供溯源信息。

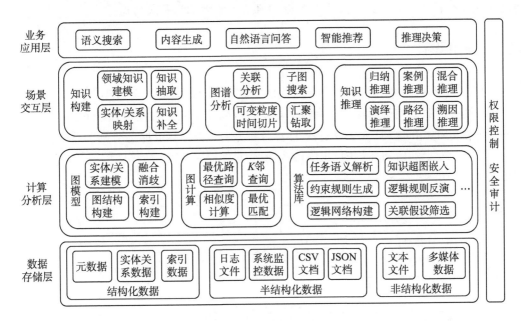

图 6.1　KHP 总体框架设计图

　　计算分析层分为图模型、图计算和算法库三部分。图模型部分主要实现连通的图结构与离散的物理存储之间的相互转换，例如，当用户通过界面添加一条以三元组表达的知识时，该模块会将这条知识转化两个实体与一条关系的模型，合并到整个图数据库并存盘固化，而当用户搜索某个局部子图时，该模块根据搜索条件对实体、关系、超边数据进行筛选，并构建出三层超图结构，在界面上呈现。图计算主要实现图数据的查询、匹配等功能，该模块可以根据用户操作请求实现基于给定两点的最优路径查询、基于指定关系的 K 邻查询、基于给定条件的子图最优匹配、基于特定实体属性的相似度计算等。算法库部分为知识抽取及不同场合下的知识推理提供丰富、智能的算法模型。该部分是 KHP 与其他图数据库的最大区别所在，不同算法模型的单独或组合使用，能为上层应用提供强大的推理运算支撑，结合图数据库内存储的领域专业知识，可以形成基于该领域的知识推理。

　　场景交互层主要提供基于知识超图的应用及管理界面，是该平台与用户交互的接口。该层主要提供智能化、可视化的图谱知识构建，多维度、可回溯的图谱分析，以及适应不同场景的知识推理过程呈现。

　　业务应用层和知识超图的具体应用领域密切相关。针对该领域的业务需求，在知识超图的基础上，定制化地开发应用系统，可为业务领域的语义搜索、智能推荐、推理决策等场景提供数据及算法支撑。例如，在军事领域，我们可以将知识超图中存储的每个事件发

生的地理位置信息与地图展示相结合,更加直观地分析某地区在某个时间范围内所发生的
武装冲突等。在公安领域,可以通过定制化的人物关联分析及人物关系网的可视化呈现以
帮助公安干警更快地梳理出人物关系脉络。

除了业务功能,知识图谱中数据的敏感性也是知识超图平台需要考虑的问题之一,用
户的访问权限控制及行为的安全审计贯穿整个知识超图平台的每个层级,以保证用户只能
访问到他被授权访问的数据,并确保数据的整个生命周期都有迹可循。

6.2.2 集群设计

KHP 支持单机版部署及服务器分布式部署。当单机版部署时,Web 服务、计算分析
服务、数据存储服务均部署在同一台服务器上,可以在个人学习及熟悉本平台时使用。当
作为服务器分布式部署时,Web 服务、计算分析服务、数据存储服务分别部署在多台服务
器上,且位于安全的内网环境中,由网关层统一向外提供 API 访问接口。分布式部署结构
框图如图 6.2 所示。

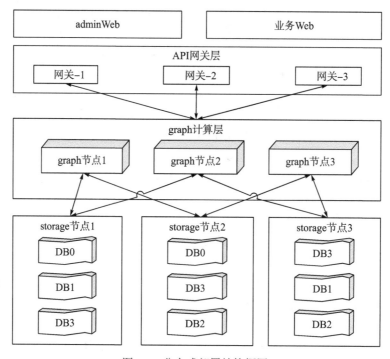

图 6.2   分布式部署结构框图

网关层采用主备模式运行,主要负责服务器的反向代理及负载均衡,将用户请求均匀
地分发到 Web 服务器层。Web 服务器层主要由 Web 服务器群组组成,Web 服务器部署在
Docker 容器中,采用 Vue3.0 框架,提供知识超图平台的前端操作及管理界面,以及基于
该平台开发的各应用系统的前端界面。计算分析层由 Golang 语言程序、Python 算法库等
组成,采用微服务架构,各计算节点以多个无状态的进程运行,部署在 Docker 容器中。

数据存储层由分布式 NoSQL 数据库及搜索引擎组成,部署在 Docker 容器中,每个存储节点均支持多个图空间实例,每个图空间的数据按数据分片策略均匀地分布在多个存储节点中,并在各节点中进行冗余备份,以防止单点故障。KHP 也支持基于 Kubernetes 的集群模式部署,结合 Kubernetes 的容器编排策略,可以实现服务的横向动态扩展等功能。

由于超大规模关系网络的节点数量可能高达上亿个,而边的数量更会高达百亿甚至千亿条,就算只存储点和边信息,其规模也远大于一般服务器的存储容量。因此需要有方法将图元素切割,并存储在不同逻辑分片(partition)上。KHP 采用静态 Hash 的分片策略,即对点的唯一 ID 进行 Hash 计算再根据集群存储层节点数进行取模操作,同一个点的所有属性值、出边和入边信息都会存储到同一个分片,以此提升查询效率。

在分布式集群部署环境下,集群中的某些节点可能会在运行过程中发生故障,部分节点也可能因为硬件差异启动较慢而处于未就绪状态,如果发生故障的节点刚好为主节点,或者某些节点的状态无法被其他节点感知到,那么可能会导致服务不可用的严重后果,这就需要一定的方法策略来保证集群的故障自发现和故障自排除机制。我们采用 Raft 协议来动态选举主从节点,实现节点故障的自转移。Raft 采用多个节点竞选的方式,赢得“超过半数”投票的副本成为 Leader,由 Leader 代表所有副本对外提供服务;其他副本以 Follower 的身份作为后备。当该 Leader 出现异常后(通信故障、处于维护状态等),其余 Follower 进行新一轮选举,投票选出一个新的 Leader。Leader 和 Follower 之间通过发送心跳的方式相互探测是否存活,超过多个探测周期仍无法收到心跳的副本会被认为发生故障。

同时在分布式数据存储环境中,同一份数据通常会有多个副本,这样即使少数副本发生故障,集群仍可正常运行。数据的多个副本之间的一致性也是基于 Raft 协议来实现的:对于客户端的每个写入请求,Leader 会将该写入请求以 Raft-wal 的方式顺序记录到本地硬盘上,再将该条请求同步发送给其他 Follower,当超过半数的副本都成功收到 Raft-wal 的同步请求后,才会返回客户端该写入成功,即多数写入成功,则认为最终写入成功。当集群中的一个节点从故障中恢复后,会先从当前集群的 Leader 节点复制 Raft-wal 日志,再依顺序执行日志中的所有请求以恢复当前节点数据,以保证集群中节点数据的一致性。

6.3　数　据　设　计

本节介绍 KHP 的数据模型、数据结构等。数据模型是现实数据特征的抽象,用于描述一组数据的概念和定义。数据的逻辑结构是 KHP 功能实现的基础。数据的存储结构是数据在计算机存储器中的表示方式。

6.3.1　数据模型

KHP 存储的数据模型定义如下所示。

图空间:用于隔离不同的数据存储实例。不同的图空间里的数据是相互隔离的,用户可以用不同的图空间存储不同领域的知识，也可以用不同的图空间为不同的项目服务等。不同的图空间可以指定不同的访问权限、存储副本数、分片策略等。

实体类型：定义真实世界中的各种主体，实体类型由一组事先预定义的属性构成。知识超图平台内置三种公用的实体类型：事理层实体、概念层实体、实例层实体。用户可在实例层定义具体领域相关的实体类型，例如，人物、地点、组织、事件等。

实体对象：某一实体类型下具体的实体实例，一个对象在知识图谱中用一个节点表示。一个实体对象在一个图空间范围内用唯一的 ID 标识。

关系类型：定义真实世界中各主体之间的关联关系。知识超图平台内置五种关系类型：事理层关系、概念层关系、实例层关系、事理概念层间关系、概念实例层间关系。每种关系类型均包含标签、开始时间、结束时间等属性。

关系对象：用于描述两个实体间存在的某种具体联系，结合现实世界，两个实体间可能存在相同时间段或相交时间段的多个关系，也可能存在不同时间段的相同关系，用于描述以上实际问题，我们将各具体关系抽象为关系对象，各对象是相互独立的且对象描述的有效关系可由关系的时间段指定。关系除了描述两个实体间的某种具体联系，还可以描述实体和超边(如某个事件)之间的具体联系。

属性：用以描述某一实体或者关系类型的一组特征，用键值对的形式表示。

超边类型：超边用于表示真实世界中多个实体间的共有关系。知识超图平台内置两种超边关系：事实类超边和事件类超边。事实类超边与事件类超边的具体定义如下所示，用户不可自定义超边类型。

事实类超边：描述多个实体间的静态关系，这种关系基本不随时间变化，例如，M 国 Y 基地位于 C 城和 L 城之间。此类超边只需包含多个实体节点，无须关心实体间的两两关系。事实类超边的定义为 $HE_{事实}$\{label, template, [entity$_1$, entity$_2$, ⋯, entity$_n$], [p_1, p_2, ⋯, p_n]\}。此处 template 用模板语言描述这条超边关系，例如，{地点 1}位于{地点 2}和{地点 3}之间。其中，__用具体实体节点的 label 替换。[p_1, p_2, ⋯, p_n]是一组对此超边关系的约束条件。

事件类超边：描述多个实体间的动态关系，这种关系通常只在某个时间范围内存在，通常用此类超边来描述一个发生的事件。例如，2022 年某国森林火灾期间，某 R 型无人机多次离开 A 市基地，前往森林火灾区域进行探测活动。此类超边除了包含多个实体节点，还需包含特定时间范围内的关系边，例如，上述超边包含三个实体节点：某 R 型无人机、A 市基地、森林火灾区域，同时包含两条在 2022 年产生的关系边：某 R 型无人机离开 A 市基地，某 R 型无人机前往森林火灾区域。事件类超边的定义为 $HE_{事件}$\{label, template, [triplet$_1$, triplet$_2$, ⋯, triplet$_n$], [p_1, p_2, ⋯, p_n]\}。此处 template 同上，例如，{谁}于{时间}离开{地点 1}前往{地点 2}。其中，__用具体的实体节点的 label 及时间替换。

超边对象：某一个超边类型下具体的超边实例，一个对象在知识图谱中用一个封闭的曲线区域表示，该区域可以覆盖多个实体节点或者多条关系边。一个实体节点或一条关系边可以属于多条超边。一条超边在一个图空间范围内用唯一的 ID 标识。超边实例如图 6.3 所示。

索引数据：为了实现快速图查询为每个实体数据、关系数据、超边数据建立的索引对象。

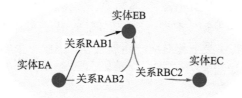

超边包含:
{EA, RAB2, EB}
{EB, RBC2, EC}

图 6.3　超边实例

6.3.2　数据逻辑结构

数据的逻辑结构指数据之间的逻辑关系，是数据在用户或开发人员面前的表现形式。KHP 对各数据模型的定义如下所示。

1）图空间逻辑结构

图空间逻辑结构包含：空间 ID、空间名、空间描述、空间分片数、空间副本数。其中，分片数和副本数仅在分布式存储环境下需要。图空间逻辑结构如图 6.4 所示。

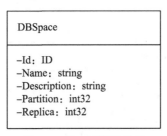

图 6.4　图空间逻辑结构

2）实体逻辑结构

实体逻辑结构包含实体类型逻辑结构和实体对象逻辑结构。

实体类型逻辑结构包含：类型 ID、类型名、类型所属层级及该类型所包含的属性列表。属性结构包含：属性名、属性取值类型、属性是否可为空、属性描述。实体类型逻辑结构如图 6.5 所示。

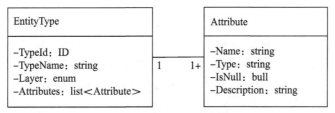

图 6.5　实体类型逻辑结构

实体对象逻辑结构包含：实体 ID、实体标签、实体属性值列表、实体所属超边列表。一个实体对象可被定义为多种实体类型，例如，某 R 型无人机既可以是物资运输机，也可以是灾害监测机。每种实体类型都对应一组属性值，因此一个实体对象包含多组属性值列表。实体对象逻辑结构如图 6.6 所示。

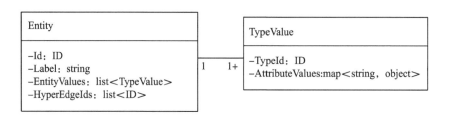

图 6.6　实体对象逻辑结构

3) 关系对象逻辑结构

关系对象逻辑结构包含：关系 ID、关系类型、关系标签、关系的头节点、关系的尾节点、关系的起始时间、关系的结束时间、关系所属超边列表、用户自定义属性列表。其中，关系类型为平台内置五种关系类型之一。用户自定义属性为预留字段，即用户可以为某些特殊的关系数据添加额外的属性值，这些属性值在关系对象之外，为当前这一条关系实例类型的描述做知识补充。关系对象逻辑结构如图 6.7 所示。

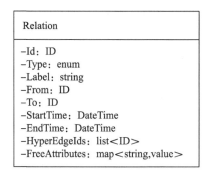

图 6.7　关系对象逻辑结构

4) 超边对象逻辑结构

超边对象逻辑结构包含：超边 ID、超边类型、超边标签、超边模板、超边关系起始时间、超边关系结束时间、超边包含的实体列表、超边包含的关系列表、用户自定义属性列表。其中，超边类型为事实超边或事件超边。用户自定义属性为预留字段，即用户可以为某些特殊的超边数据添加额外的属性值，这些属性值在超边对象类型定义之外，为当前这一条超边实例的描述做知识补充。超边对象逻辑结构如图 6.8 所示。

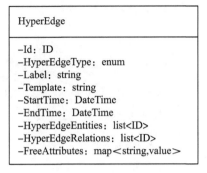

图 6.8 超边对象逻辑结构

6.3.3 数据存储结构

知识超图平台的数据以 Key-Value 的形式存储在分布式 NoSQL 数据库中。存储的内容包括元数据(图空间、实体类型、关系类型、超边类型)、实体数据、关系数据和超边数据。

1. 元数据存储结构

知识超图的元数据包括：图空间定义数据及实体类型、关系类型和超边类型定义数据。所有空间的元数据都存储在 DB0。不同的元数据用不同的前缀加以区分，以便在存储空间中快速查找。

1) 图空间存储结构

如图 6.9 所示，每一个图空间数据由一对 Key-Value 数据组成，其中，一条数据存储图空间 ID 与图空间逻辑结构的映射，另一条数据为索引数据，存储图空间名与图空间 ID 的映射，以方便快速地定位。

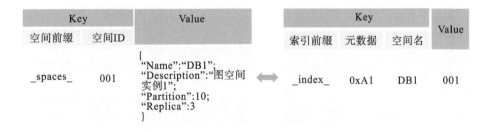

图 6.9 图空间存储结构实例

2) 实体类型/关系类型/超边类型存储结构

如图 6.10 所示，每一个类型定义也由一对 Key-Value 数据组成，其中，一条数据存储类型 ID 与类型逻辑结构的映射，另一条数据为索引数据，存储类型名与类型 ID 的映射，以方便快速地定位。

Key				Key				Value
角色前缀	空间ID	类型ID	类型结构	索引前缀	元数据角色	空间ID	类型名	类型ID

entities	001	001	{
			"Id":"001";
			"TypeName":"无人机";
			"Layer":"3";
			"Attributes":
			…
			}
				index	0xB1	001	无人机	001

relations	001	002	{
			"Id":"002";
			"TypeName":"实例层关系";
			"Attributes":
			…
			}
				index	0xB2	001	实例层关系	002

hyperEdges	001	003	{
			"Id":"003";
			"TypeName":"事件超边";
			"Attributes":
			…
			}
				index	0xB3	001	事件超边	003

图 6.10　类型存储结构实例

2. 实体对象存储结构

实体对象数据按图空间隔离存储，每个图空间对应一个数据目录，用户选择某个图空间时加载该空间的数据。在分布式环境下，图空间内的所有数据会按分区策略存储在不同的分区中，每个存储节点上只会存储某些分区，多个存储节点共同提供图空间内的完整数据。实体对象的 Key-Value 存储结构实例如图 6.11 所示，其中，数据角色标识这条数据是实体对象，键值对用途标识这条数据是存储实体对象属性值的，类型 ID 标识这条数据对应的实体类型。

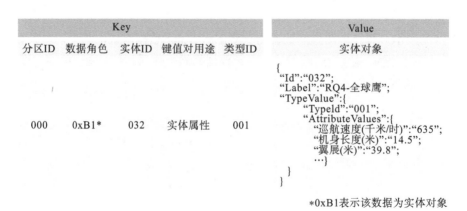

Key					Value
分区ID	数据角色	实体ID	键值对用途	类型ID	实体对象

000	0xB1*	032	实体属性	001	{
					"Id":"032";
					"Label":"RQ4-全球鹰";
					"TypeValue":{
					"TypeId":"001";
					"AttributeValues":{
					"巡航速度(千米/时)":"635";
					"机身长度(米)":"14.5";
					"翼展(米)":"39.8";
					…}
					}
					}

*0xB1表示该数据为实体对象

图 6.11　实体对象的 Key-Value 存储结构实例

3. 关系对象存储结构

同实体对象一样，关系对象也按图空间隔离存储。同一图空间的实体对象和关系对象存储在同一数据目录下。由于关系是有方向的，系统在存储关系对象时需要明确这条关系边是由谁指向谁，因此，关系边的方向定义如下：与头实体相连的一端称为出边，头实体称为关系的出端，与尾实体相连的一端称为入边，尾实体称为关系的入端，如图 6.12 所示。

图 6.12　关系对象存储结构实例

为了实现从实体到关系及从关系到实体的快速查找，一条关系数据由多个 Key-Value 对组成。

1）关系类型及各属性值

第一个键值对存储这条关系对象的类型及各属性值。其中，键值对用途标识这条数据是存储关系对象属性值的，如图 6.13 所示。

Key					Value
分区ID	数据角色	关系ID	键值对用途	关系类型ID	关系对象

000	0xB2*	058	关系属性	002	{
					 "Id":"058";
					 "Type":"实例层关系";
					 "Label":"飞越";
					 "From":"032";
					 "To":"045";
					 "StartTime":"2001/04/22";
					 "EndTime":"2001/04/22"
					 }
					 *0xB2表示该数据为关系对象

图 6.13　关系对象键值对说明 1

2）实体与关系的关联

第二个键值对、第三个键值对分别从头实体和尾实体的角度存储其与该关系对象的关联。这一组键值对只有 Key，没有 Value，主要用于根据实体对象 ID 查找关联关系及相邻实体/超边，如图 6.14 所示。"连接对象"这一属性，标识这条关系是实体连接实体还是实体连接超边。

Key							Value
分区ID	数据角色	实体ID	键值对用途	连接对象	关系ID	连接对象ID	
000	0xB2	032	关系出边	实体	058	045	Null
000	0xB2	045	关系入边	实体	058	032	Null

图 6.14　关系对象键值对说明 2

4. 超边对象存储结构

超边对象也按图空间隔离存储。同一图空间的实体对象、关系对象、超边对象均存储在同一数据目录下。为了实现超边与所包含的实体及关系之间的快速查找，一条超边数据由多个 Key-Value 对组成。

1)超边对象的类型及各属性值

第一个键值对存储这个超边对象的类型及各属性值，如图 6.15 所示。其中，键值对用途标识这条数据是存储超边对象属性值的。

Key					Value
分区ID	数据角色	超边ID	键值对用途	超边类型ID	超边对象

000	0xB3*	084	超边属性	003	{
					  "Id":"084";
					  "HyperEdgeType":"003";
					  "Laber":"RQ-4全球鹰拍摄福岛核电站受损情况";
					  "Template":"{什么}于{时间}在{地点}执行{任务}";
					  "StartTime":2011/03/17;
					  "EndTime":2011/03/17
					}
					
					*0xB3表示该数据为超边对象

图 6.15　超边对象键值对说明 1

2)超边与其所包含的关系对象

第二个键值对从超边对象的角度存储超边对象ID与其所包含的关系对象ID之间的映射关系，用于快速地定位超边所包含的关系，如图 6.16 所示。若这条超边包含多个关系对象，则有多条映射关系。这一组键值对只有 Key，没有 Value。如果在该超边中新增一条关系边，那么新增一条 Key-Value 映射数据；如果从该超边中移出一条关系边，那么直接删除该条 Key-Value 映射数据。这样可以保证对超边的修改操作在数据存储层影响范围最小，速度最快。

Key						Value
分区ID	数据角色	超边ID	键值对用途	映射关系	关系ID	
000	0xB3	084	超边映射	包含	058	Null

图 6.16　超边对象键值对说明 2

3)超边与其包含的实体对象

第三个键值对从超边的角度存储超边对象ID与其所包含的实体对象ID之间的映射关系，用于快速地定位超边所包含的实体，如图 6.17 所示。一条超边通常都包含多个实体对象，因此有多条映射关系。这一组键值对只有 Key，没有 Value。如果在该超边中新增一个实体，那么新增一条 Key-Value 映射数据；如果从该超边中移出一个实体，那么直接删除该条 Key-Value 映射数据。

Key						Value
分区ID	数据角色	超边ID	键值对用途	映射关系	实体ID	
000	0xB3	084	超边映射	包含	032	Null

图 6.17　超边对象键值对说明 3

6.4　功能设计

本节主要阐述 KHP 的功能视图，包括外部视图、内部视图和主要功能流程图，为平台功能部署提供可用的接口。

6.4.1　外部视图

知识超图平台的外部视图，即平台与外部系统的交互及对外提供的接口等，如图 6.18 所示。平台对外提供了 RESTful 接口、GRPC 接口和 HTML 内嵌页面接口，根据业务系统集成场景需求：

（1）RESTful 接口适用于 JavaScript 等轻量级、快速开发的业务系统集成，接口的使用和测试方便，同时在不同平台下的兼容性较好；

（2）GRPC 接口适用于有接口低时延、高并发等对时效性要求更高的业务系统集成开发，以降低传输过程中的时延，提高传输效率；

（3）HTML 内嵌页面接口为基于系统界面集成的业务系统提供便利，使业务系统快速地集成三层图谱的展示等页面功能。

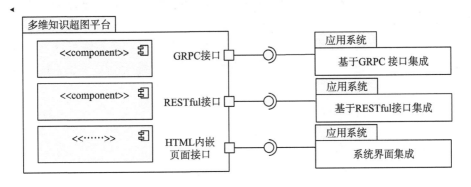

图 6.18　外部视图

6.4.2　内部视图

本节介绍平台的内部层次结构及各模块间的依赖关系。在接口设计时考虑到用户使用场景的高性能、高并发需求和接口的易用性、兼容性需求，对外同时提供了基于 RESTful

和 GRPC 的二次开发编程接口。在代码逻辑实现层面，将图计算与图管理模块通过依赖注入的方式同时注入 GRPC 服务和 HTTP 服务模块并进行动态注册，以实现两套网络接口复用一套业务逻辑来提供相同的业务服务，同时达到了模块间的调用依赖解耦合的目的，其内部视图如图 6.19 所示。

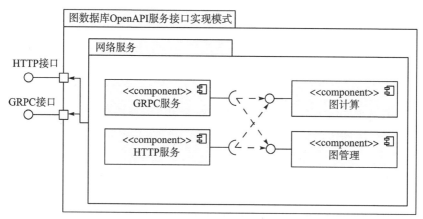

图 6.19　知识超图接口内部视图

在业务功能实现上，知识超图平台内部分为图管理模块、图计算模块、元数据存储模块、图存储模块、全文搜索模块、鉴权模块及算法推理模块，其主要功能如下所示。

(1) 图管理模块负责图空间的增删、图数据类型维护、图数据的批量导入导出等。

(2) 图计算模块负责图构建、各类图查询及多种推理、算法等。

(3) 元数据存储模块实现图空间、数据类型等管理数据的统一记录、统一查询等。

(4) 图存储模块实现实体/关系/超边数据的 Key-Value 结构的高速迭代读取、快速写入、数据冗余、分片等功能，同时提供图结构上的相邻节点或关系查询等。

(5) 全文搜索模块实现对图空间中所有对象属性值的模糊查询、值范围筛选等，方便数据快速定位。

(6) 鉴权模块提供用户分组、赋权、用户登录、认证、授权等权限管理及校验功能。

(7) 算法推理模块完成各类算法子模块的加载、任务理解/分析、调度、推理结果表达及相关领域的算法模型训练等功能。

知识超图内部依赖关系如图 6.20 所示。

6.4.3　主要功能流程图

本节描述 KHP 主要功能的处理流程。

1. KHP 初始化

KHP 主要有三个核心子服务：图计算服务、数据存储服务、数据索引服务，且相互之间存在单向接口依赖关系。其中，图计算服务依赖于数据存储服务接口，数据存储服务依赖于数据索引服务接口。系统初始化流程图如图 6.21 所示。

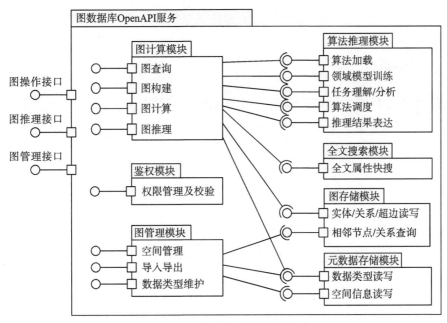

图 6.20 知识超图内部依赖关系

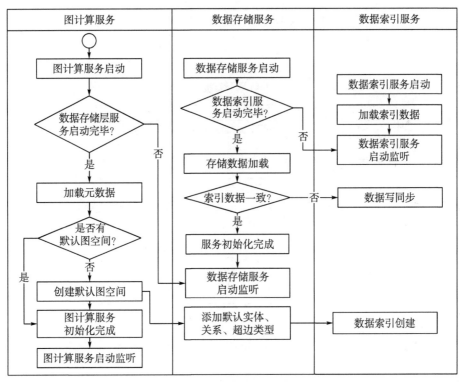

图 6.21 系统初始化流程图

如果系统是首次运行,那么启动后创建默认图空间,为默认图空间添加默认的实体、关系、超边类型,为用户提供一个开箱即用的环境,降低入门使用难度。如果系统非首次运行，那么启动后加载持久化的数据句柄，对数据存储和数据索引做数据一致性校验与同步，完成后等待用户操作。

2. 知识融合

平台知识融合主要分为知识抽取、知识链接、知识消歧、知识导入、知识更新几个主要步骤，其流程图如图 6.22 所示。

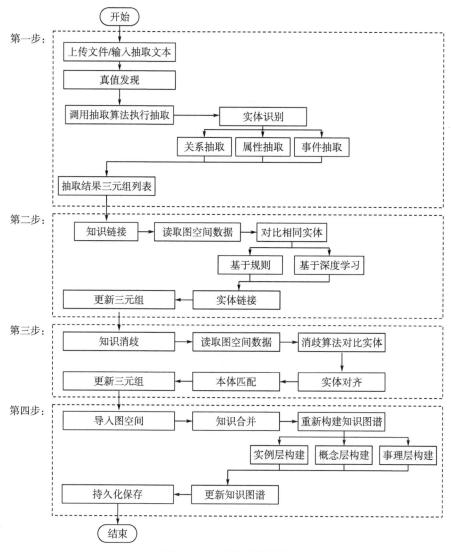

图 6.22　知识融合流程图

第一步，用户上传需要抽取知识的文本，执行真值发现分析后，超图平台动态地加载抽取算法并执行文本文字抽取、中英文识别、分词、词法语义分析等操作，将用户上传的文档抽取为三元组列表。

第二步，系统根据抽取到的三元组与知识超图平台图空间内存储的知识进行对比，查找相同实体，将新抽取的知识和已有的实体对象进行链接，标识为同一个实体，并更新三元组列表。

第三步，再分析新抽取的实体是否与知识超图平台中已有的实体存在某种对应关系，例如，中国、中华人民共和国、China 均为同一实体，长征二号丁火箭与长二丁火箭均为同一实体的不同称呼等。系统对这些实体进行识别并进行半自动化消歧。

第四步，对更新后的三元组列表与超图平台已有的数据进行合并，将当前抽取出的知识子图合并入整个知识超图平台并执行导入持久化。

其中，知识抽取算法任务执行首先需要进行实体识别，其次再根据上下文语义关系进行关系抽取，自动识别实体对之间的关系，形成三元组，再从文本中抽取出各实体相关的属性及属性值，对三元组的头尾实体进行属性补全，最后分析归纳整篇文章内容，结合句子语义、文档语义等分段模式，通过联合抽取、管道抽取等方法，抽取出文章发生的事件，识别事件的触发词、事件元素等参数。

通过知识抽取算法生成的三元组列表是基于文档语义生成的结果，与知识超图平台已经存在的知识相比可能还存在同名、别名、同义但不同身份等问题，所以我们使用基于规则与基于深度学习的算法对抽取出的实体和知识超图平台已经存在实体进行相同实体判别及实体链接，再对可能存在别名、同义的实体进行识别并消歧对齐，最后对所有提取出的实体与超图平台的本体进行本体匹配，生成可导入的知识子图谱。

最后进行知识合并导入，对生成的知识子图谱和知识超图已经存在的知识图谱分别进行实例层知识构建、概念层知识构建、事理层知识构建，融合完毕后更新到知识超图平台并进行持久化保存，至此非结构化文档的知识融合过程结束。

3. 知识推理

1) 相似事件推荐

在知识超图平台中，事件由超边来表示。在一条事件超边中包含了这个事件发生的时间、地点、人物、涉事主体等信息。因此，相似事件推荐的过程即为计算相同事件类型的超边相似度的过程。相似事件推荐流程图如图 6.23 所示。

2) 归纳推理

归纳推理是挖掘时序图谱中事件与事件之间的因果关联。其过程是选定一个目标事件类型，提取知识超图中历史上该种类型的所有事件。针对每一个事件，提取出事件中涉及的所有实体，并按时序关系，在图谱中搜索该实体在本事件发生前一段时间内参与的所有事件。然后按递归深度，重复此步骤，以便找出和该事件可能产生关联的所有实体及前序事件。由于事件中的每个实体具有个体差异性，不利于总结经验规则，因此在此过程中我们还需对事件中涉及的所有实体按类型进行计算，得到一个概念事件，如"某 L 号航母离开 Y 基地"会被抽象为"航母离开基地"。接着挖掘算法会在这些经过抽象的前序事件和目标事件之间挖掘频繁项，并计算其置信度，按置信度高低得出事理规则。这些规则会以事理层节点及关系的方式在知识超图中进行存储及展示。归纳推理流程图如图 6.24 所示。

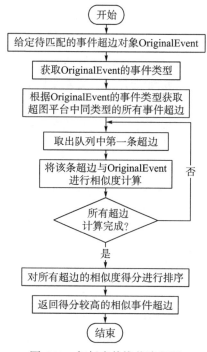

图 6.23　相似事件推荐流程图

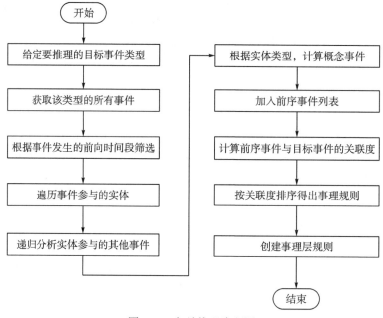

图 6.24　归纳推理流程图

3) 演绎推理

有了归纳推理的经验规则总结，就可以利用这些事理规则进行事件预测。先给定一组已知事件及需要预测的内容，如下一步行动、后续影响等。计算该已知事件所对应的概念事件，以便与事理规则进行相似度匹配。再根据要预测的内容在事理层中提取出相关的事理规则。对每一条事理规则，获取该规则的前序事件，并将给定的已知事件与该组前序事件进行匹配，以计算其置信度。如果给定的已知事件跟已获得的前序事件都无法匹配，那么用递归的方式获取这些前序事件的前序事件，再将已知事件与新的前序事件进行匹配，直到获得相似度超过阈值的前序事件组或者无法找到新的前序事件。最后选取置信度较高的几条规则所对应的结论作为预测结果。演绎推理流程图如图 6.25 所示。

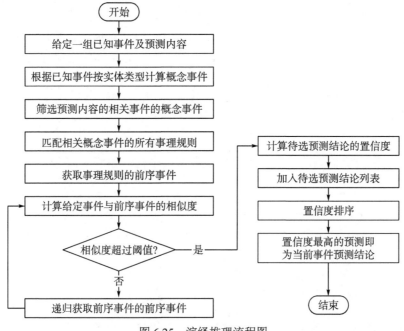

图 6.25　演绎推理流程图

6.5　本章小结

本章我们探讨了大规模高并发场景下的平台总体设计，从业务流程入手探讨了核心功能设计、从数据存储的结构探讨了数据存储设计思想，旨在为读者提供对知识超图平台的深入理解。通过本章的介绍，读者对 KHP 的设计方案有了全面的了解。接下来的章节，将对知识超图平台进行部署与功能实现，帮助读者更好地理解和应用该平台。

参 考 文 献

[1] Neo4j 图数据库管理系统技术文档[EB/OL]. [2023-11-13]. https://neo4j.com/docs.

[2] ArangoDB 数据库官方文档[EB/OL]. [2023-11-14]. https://docs.arangodb.com.

[3] Dgraph 图数据库官方文档[EB/OL]. [2023-11-17]. https://dgraph.io/docs.

第7章 知识超图平台实现

KHP 作为一种强大的工具，能够整合、存储和分析多源、多模态和多维度的知识。相比普通的知识图谱，KHP 大大地提高了知识图谱领域知识推理、知识发现、知识关联的效率。本章将以 KHP 的运行环境和平台部署为基础，介绍其使用流程及各类功能。

7.1 功 能 列 表

本节将列举 KHP 的功能列表，以更好地理解多平台，如表 7.1 所示。

表 7.1 KHP 功能列表

功能	特性
空间管理	①图空间用于隔离不同的数据存储实例。不同图空间里的数据是相互隔离的，用户可以用不同的图空间存储不同领域的知识，也可以用不同的图空间为不同的项目服务等； ②用户可以在不同图空间之间进行切换
空间概览	展示当前图空间下各层级内实体、关系、超边的信息统计
空间维护	可以在当前图空间下进行实体类型管理及结构、数据的导入导出。 ①类型管理：可新增、编辑、删除实体类型。可以为实体类型定义属性字段； ②导入导出：可以对当前空间下的实体关系类型定义及数据进行导入导出
多维超图	①可以展示当前图空间下三层超图的实体、关系、超边的整体分布信息及局部图谱信息； ②可以展示指定实体对象的详细信息； ③可以在三层超图中进行精确查找或模糊搜索； ④可以在三层超图中按指定实体对象进行路径搜索； ⑤可以在三层超图中对指定实体对象进行拓展查询
数据操作	①可以对实体、关系、超边对象进行可视编辑； ②可以批量新增实体对象或关系对象
时间切片	可以查询当前图空间下指定时间范围内的子图信息，并可以对比多个时间范围的子图差异
知识推理	①可以对用户提问进行知识推理，并将推理结果以子图方式呈现； ②可以对超图平台中存储的知识进行关联挖掘，以发现事件与事件之间的隐含关系，并将新发现的关联关系在事理层中呈现； ③可以根据用户指定的一个或一组事件，推荐历史相似事件及后续事件，并将推荐结果以子图方式呈现； ④算法根据问题类型自动地在知识超图中进行规则匹配，以预测可能发生的后续事件，并将预测结果反馈用户； ⑤算法根据问题类型混合使用多种算法模型，直到得到一个可能的答案，并将答案反馈用户
知识抽取	①可以实现对非结构化文本中的实体及关系的自动识别； ②支持对自动抽取的实体及关系信息进行确认、修正及属性补全，以保证知识的准确性； ③支持将经过核验的实体及关系信息导入知识超图平台的图空间中，并能在导入时对高度相似的实体对象进行实体融合

KHP 的主界面如图 7.1 所示，后面将详细地介绍其主要功能。

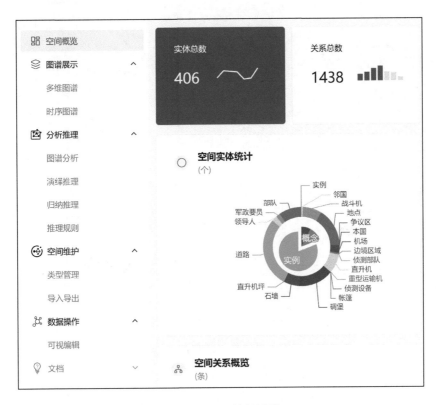

图 7.1　KHP 的主界面

7.2　知识超图模型构建

知识超图模型构建主要包括类型管理、对象创建、超图展示、路径查询和拓展查询等功能。

7.2.1　类型管理

类型管理功能允许用户自定义实例层实体类型。KHP 启动后会默认创建三种实体类型：事理实体、概念实体、实例实体。用户可以直接地使用默认实体类型，也可以自定义实体类型，如图 7.2 所示。

单击"实体类型"面板内的"新增"按钮，输入类型名称及备注信息，单击"确认"按钮可以添加一个新的实体类型。

单击对应实体类型后的编辑和删除图标，可修改和删除该实体类型，如图 7.3 所示。如果在该实体类型下已创建了实体对象，那么不允许删除该实体类型。

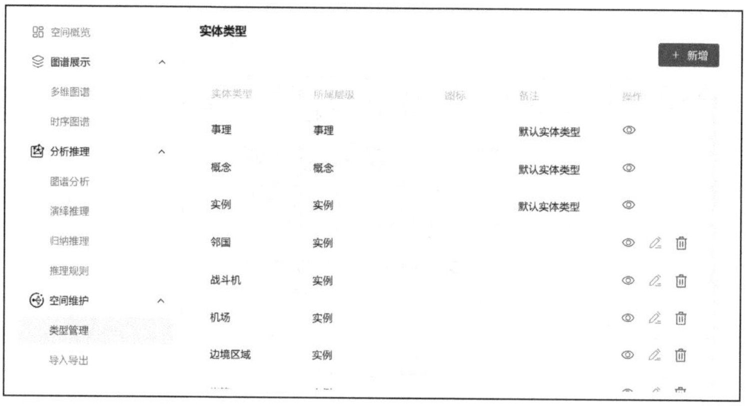

图 7.2　类型管理主界面

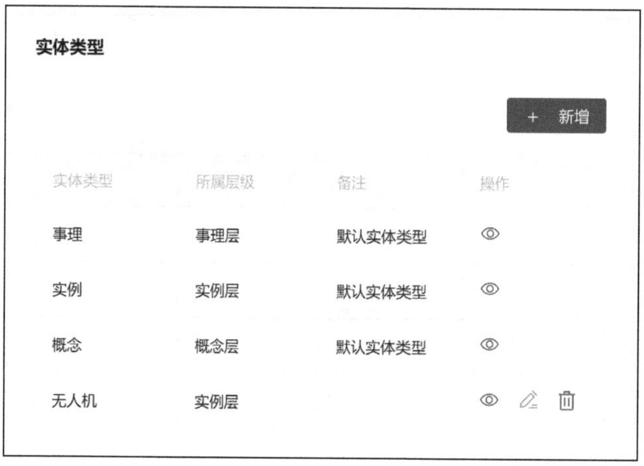

图 7.3　更新实体类型管理

　　单击对应实体类型后的查看实体属性，可在属性管理面板查看该实体所具有的属性信息，如图 7.4 所示。数据库自动地为每个新建实体类型创建编号和标签属性，编号为实体对象在数据库中的唯一标识，标签为该实体对象的名称，用于在多维图谱和子树图谱中标识该实体对象。

图 7.4　实体类型查阅

单击属性管理面板内的"新增"按钮输入属性名称、是否必填、属性类型等信息，单击"确认"按钮可为该实体新增一个属性。不同实体类型间如果有相同属性名，那么需保持属性设置一致，否则会无法识别搜索引擎。

属性新增成功后可在属性管理面板对该属性进行查看、修改及删除的操作。如果在该实体类型下已创建了实体对象，那么不允许修改和删除该实体类型下的属性。

7.2.2 对象创建

数据操作功能允许用户使用鼠标拖拽方式构建实体关系三元组及超边，并可对数据的增、删、改、查进行可视化操作，如图 7.5 所示。可视化工作台下方是可拖拽的实体节点及超边，右上方是各层层内关系及层间关系边的图例。

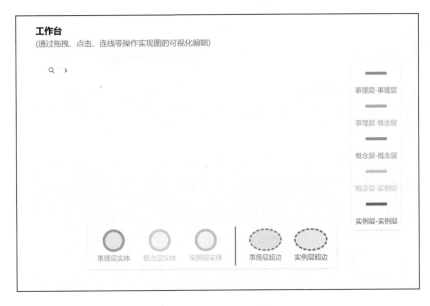

图 7.5 基础操作界面

1）添加实体对象

如图 7.6 所示，选择要创建的事例层、概念层或实例层节点并将其拖入工作台中，拖入后在右侧的编辑实体属性面板中完善该实体节点的信息后单击"新增"按钮并完成添加。

2）添加关系对象

创建两个及以上的实体节点后将光标悬停在实体上并按住鼠标左键拖向需要连接的实体。连接完成后在右侧的编辑关系属性面板中完善该关系的信息后单击"更新"按钮完成添加，如图 7.7 所示。

图 7.6 　实体属性编辑 　　　　　　　图 7.7 　关系属性编辑

3）添加超边对象

选择要创建的超边类型拖入工作台中，拖入后在右侧的编辑超边属性面板中完善该超边的信息后单击"更新"按钮完成添加，如图 7.8 所示。

图 7.8 　超边属性编辑

添加完成后右击该超边图标，选择"超边维护"选项，向该超边中添加实体、关系对象，如图 7.9 所示。

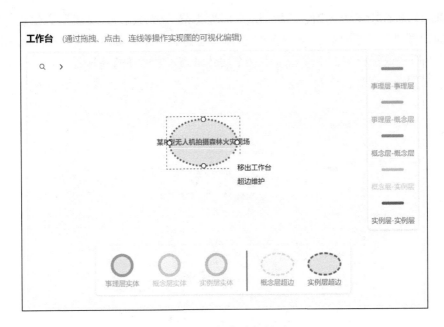

图 7.9　可视化编辑界面

在超边维护面板中单击"添加节点"按钮并调出搜索组件。在搜索组件中搜索到需要添加的实体或关系对象，将该对象添加到超边中，结果如图 7.10 所示。

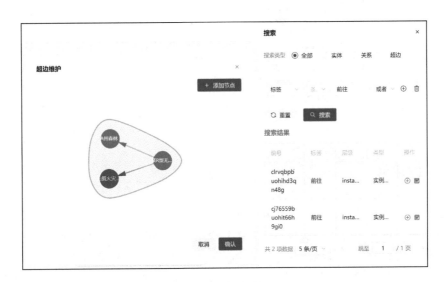

图 7.10　超边维护界面

7.2.3　超图展示

多维超图页面由多维图谱、子树图谱、属性详情三部分组成。多维图谱主要对当前图空间下的数据进行分层展示。子树图谱更清晰地展示和选中实体对象相关的局部图谱信息。在多维图谱或子树图谱中单击选中某个实体节点，属性详情将展示该实体节点的详细信息。多维超图界面如图 7.11 所示。

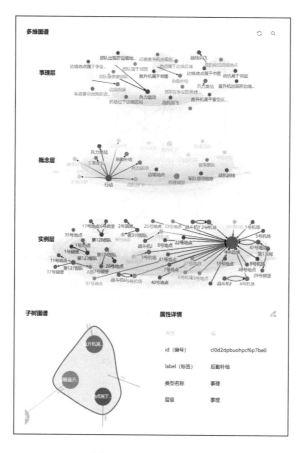

图 7.11　多维超图界面

7.2.4　路径查询

路径查询功能在给定的两个实体对象之间搜索连通路径，并进行高亮路径展示。在多维图谱中选择路径查询的起始实体对象，将其设置为起始节点，再选择路径查询的终止实体对象，将其设置为终止节点。起始节点和终止节点会在路径查询节点选择浮窗中显示，可重复修改起始节点和终止节点，设置完毕单击"路径查询"按钮可以打开路径查询面板，如图 7.12 所示。

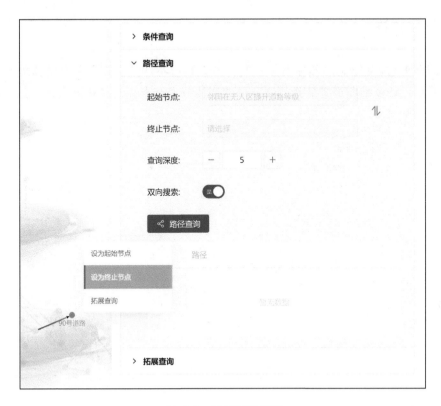

图 7.12　路径查询界面

　　在路径查询面板中设置最大查询深度后单击"路径查询"按钮，查询结果将显示在面板中，单击想要展示的路径前方的选择框，该路径将在多维图谱中进行高亮显示，如图 7.13 所示。

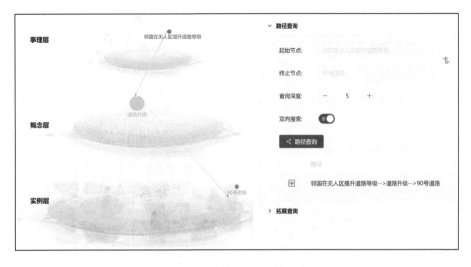

图 7.13　路径查询结果展示

7.2.5　拓展查询

　　拓展查询功能从给定的实体对象出发，搜索和该实体具有特定关系的其他实体。如图 7.14 所示，在多维图谱中选择想要查询的实体节点，右击选择拓展查询，打开拓展查询面板。

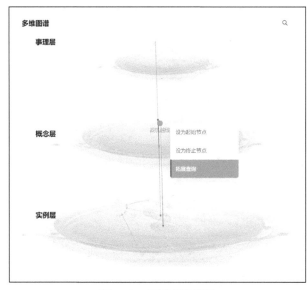

图 7.14　拓展查询设置

　　在拓展查询面板中，选择想要查询的具体关系，如果不指定特定关系，那么会查询所有关系。如图 7.15 所示，输入查询深度与最大查询个数后单击"拓展查询"按钮，查询结果将直接在多维图谱及子树图谱中展示。查询深度越大，搜索的范围越广；最大查询个数越多，返回的结果可能越多。

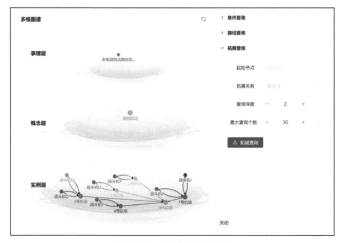

图 7.15　拓展查询界面

7.3　知识抽取及超图融合

本节将详细介绍 KHP 中知识抽取工具的使用，以展示知识抽取、模型自动构建、人工核验及知识融合消歧的整个过程。

首先进入 KHP 某一图空间，通过顶部的"知识抽取"链接打开知识抽取工具的界面，如图 7.16 和图 7.17 所示。

图 7.16　知识抽取链接

图 7.17　知识抽取工具主界面

7.3.1　实体关系识别

知识抽取工具提供两种获取抽取内容的方式。一是文本输入方式，即将所要抽取的内容输入到输入框中。二是文档导入，选择要抽取的文件后，单击"上传文件"按钮，成功后会出现文件上传成功提示。文本输入或文档上传完成后，单击"抽取知识"按钮，算法开始自动地抽取文字中的实体及关系。当下方进度条显示 100% 时，表示抽取知识结束，被识别出来的实体将以词云方式呈现，如图 7.18 所示。

7.3.2　实体关系核验

知识抽取获得的实体和关系都以表格方式展示给用户，如图 7.19 所示。

图 7.18　知识抽取界面

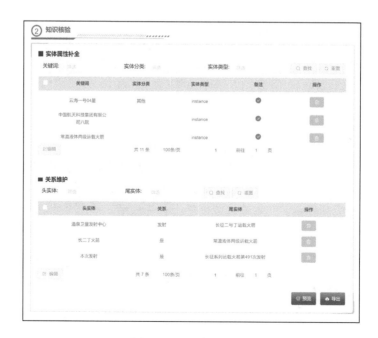

图 7.19　知识核验界面

　　用户可逐一核验抽取出来的实体及关系，并选择其中需要修正的实体及关系进行修改、删除、属性补全，对于没有被抽取算法识别出来的实体及关系，还可手动新增补充，如图 7.20 及图 7.21 所示。

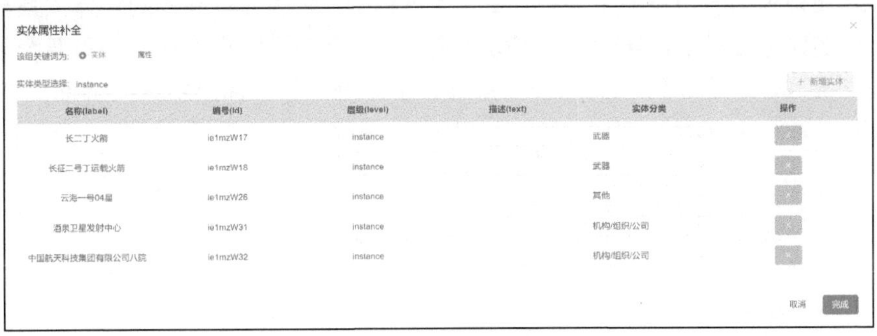

图 7.20　实体核验界面

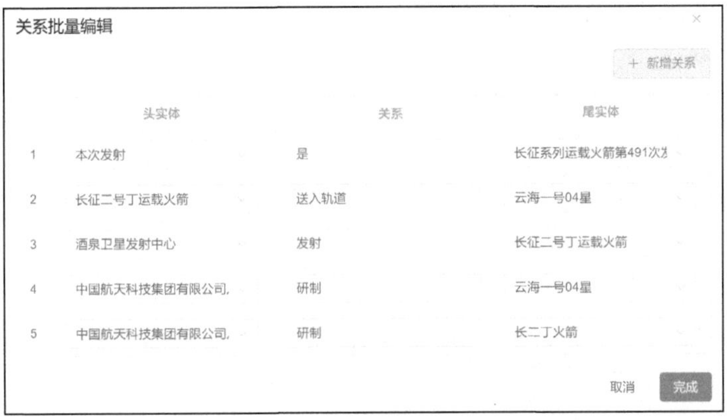

图 7.21　关系核验界面

　　核验完成，可单击"预览"按钮查看生成的图谱三元组信息，如图 7.22 所示。

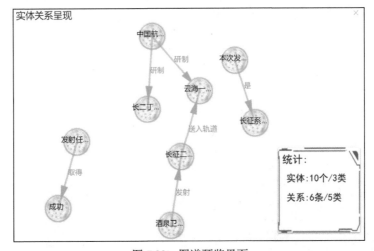

图 7.22　图谱预览界面

7.3.3 超图融合

核验完成后，用户可以通过单击知识抽取工具底部的"导入图空间"按钮将三元组信息全部导入知识超图的相应图空间中。在导入过程中，算法会将导入的实体关系与知识超图中的已有实体进行对比，若发现有相似的实体，则会提示用户确认是否需要合并或将两个实体进行关联，以实现实体的融合与消歧。实体对比界面和实体链接界面如图 7.23、图 7.24 所示。

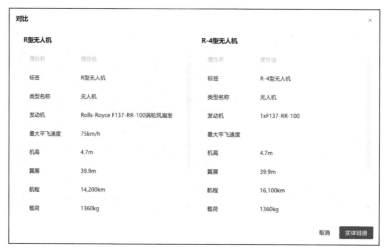

图 7.23　实体对比界面

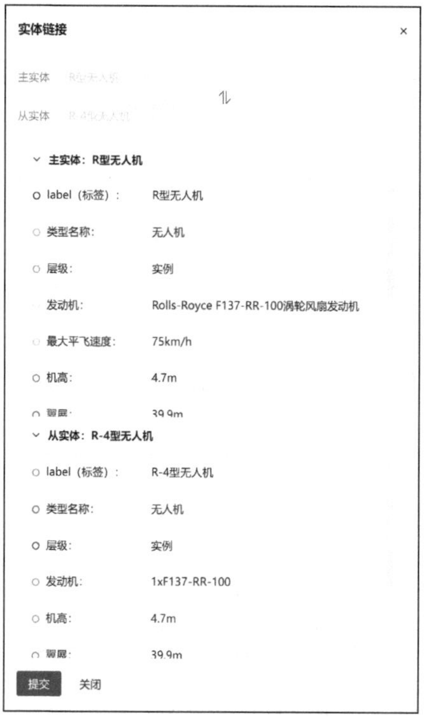

图 7.24　实体链接界面

7.4　知　识　推　理

本节将详细地介绍 KHP 中的知识推理功能，以帮助读者快速地熟悉推理的过程。

7.4.1　相似事件推荐

用户单击搜索图标并打开搜索面板，搜索一个事件，并将其添加到图谱分析面板中，用鼠标选中该事件，通过右键菜单或面板顶部工具条打开相似推荐面板，单击"相似推荐"按钮，以触发推理过程。推理过程日志及推理结果均会展示在界面上。用户可以根据相似度选择推荐的事件添加到面板中并进行对比分析。例如，图 7.25 展示了关于待查询对象"加州森林火灾"事件的相似推荐结果，即"某 R 型无人机在 Y 地森林火灾中，携带高清图像采集设备执行数据收集侦察任务"这一事件。

图 7.25　相似事件推荐界面

用户可以根据推荐结果，选择性地添加节点在界面上，如图 7.26 所示，呈现了用户选中的一个待推荐事件和两个推理结果的图形化对比效果。两个相似事件分别对应于"R-4型无人机在澳大利亚森林火灾中,携带热成像设备执行数据采集侦察任务"及"R型无人机在加利福尼亚州森林火灾中,进行防火装备补给任务"事件。

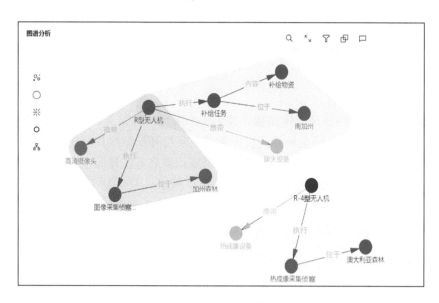

图 7.26　相似事件推荐界面

7.4.2　归纳推理

用户首先选择推理事件类型,单击"提交"按钮,以触发推理过程。推理算法的运行状态及运行过程会实时展现在界面上。推理完成后,发现的事理层规则将在页面右侧显示。例如,图 7.27 右侧,显示了面向"无人机侦察"这一类型推理出的部分规则。其中,超边表示规则前件,超边延伸出的节点表示规则后件结论。

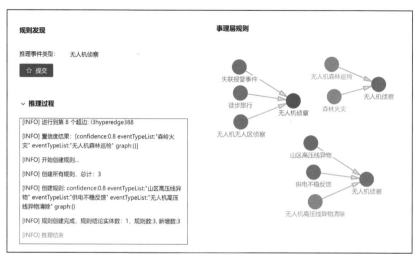

图 7.27　归纳推理界面

7.4.3 演绎推理

　　用户单击搜索图标，打开搜索面板，搜索一组已知事件，并将其添加到已知事件输入框中，再选择推理问题（即预测内容），单击"提交"按钮，以触发推理过程。推理算法的推理过程会以文本和可视化的方式实时地展现在界面上。推理完成后，推理结果及路径将呈现在页面下方。以图 7.28 为例，针对给定的输入："已知某 R 型无人机携带热成像设备前往丛林区域，问执行何种任务"，可以基于事理层、概念层的演绎推理，获得推理结果为"生命特征搜查"或"无人机火灾侦察"。

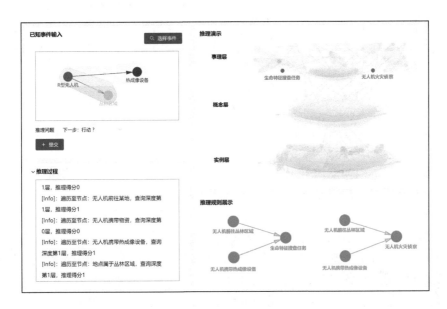

图 7.28　演绎推理界面

7.5　本 章 小 结

　　本章详细地介绍了 KHP 的部署流程和平台功能实现。通过本章的阅读，读者已经对平台的使用流程和功能有了全面的了解。接下来的章节将深入地探讨平台的应用案例和实际应用场景，帮助读者更好地应用和发挥 KHP 的潜力。

第8章　知识超图平台应用案例

在前面的章节中，深入地探讨了知识图谱及其应用领域，从知识超图的概念与技术到知识超图平台的设计，揭示了知识超图在知识表示与应用方面的广泛应用价值。

知识超图能够高效简洁地组织复杂事件知识，能够实现高效率的知识更新与推理，有效地挖掘事件之间隐含的时空关联，为事件预测提供理论和知识支撑，在实际应用中具备重要价值。本章选取卫星发射预测这一具体的事件预测问题，详细地介绍知识超图平台的实际应用。

8.1　应用案例概述

知识超图能够高效简洁地组织复杂事件知识，能够实现高效率的知识更新与推理，在很多领域都有非常高的应用价值。例如，根据无人机的历史飞行情况，可以构建对应的知识超图，结合各地区空域管控措施，实现无人机知识超图的有效推理与更新，推测无人机的航行轨迹，为无人机航线的精准规划提供有力的支撑[1]。

利用知识超图能够有效地挖掘事件之间隐含的时空关联，为事件预测提供理论和知识支撑，在实际应用中具备重要的价值。由于卫星发射相关数据来源广泛，预测结果能够得到有效的验证，本章基于开源信息对某方向特定时间跨度后是否发射卫星这一典型事件进行预测，详细地介绍知识超图理论及平台在事件预测中的实际应用。

卫星发射受众多因素的影响，影响要素之间存在隐含关联，需要建立层次化的影响要素体系。然而，抽象的影响要素体系不足以刻画各要素如何影响卫星发射事件，需要结合卫星发射相关数据，进一步构建卫星发射的层次化知识体系。基于构建的层次化知识体系，结合事件可预测性理论，构建合适的卫星发射预测模型，就可以得到满足实际应用需求的卫星发射预测结果。总体而言，基于知识超图的卫星发射事件预测对应的完整流程如图 8.1 所示。

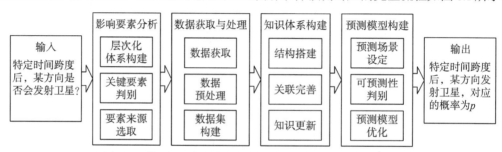

图 8.1　基于知识超图的卫星发射事件预测对应的完整流程

基于知识超图的卫星发射预测完整流程包含影响要素分析、数据获取与处理、知识超图构建实例和基于知识超图的事件预测这四个步骤。本章将针对上述四个步骤进行详细的介绍。

8.2　影响要素分析

为了准确地预测卫星发射事件,需要对影响卫星发射的关联要素进行分析建模。首先,需要获取卫星发射的影响要素,并基于层次分析法等方法,梳理卫星发射的层次化影响要素体系。之后,对各要素的数据来源进行跟踪和分析,结合数据质量评估,筛选有效的要素数据来源,得到卫星发射的层次化影响要素体系结果。

8.2.1　要素体系梳理

结合要素信息收集、专家调研等方式,获得卫星发射的影响要素。其中,卫星自身的差别、政治环境的变化、自然环境的变化等都可以影响卫星发射。与此同时,在社会环境中,新闻媒体资讯的变化也蕴含着卫星发射的可能性。由于众多影响要素之间存在隐含关联,可以基于层次分析法等方法,构建层次化的影响要素体系,支撑卫星发射的准确预测。

运用层次分析法,按照要素间的相互关系和隶属关系,自下而上地进行层次聚合,得到如图 8.2 所示的卫星发射的影响要素体系梳理结果。具体地,第一层影响要素包括政治环境、发射场地、研制单位、社会因素和自然环境。第二层影响要素为第一层的进一步拆分,如政治环境包含国际形势、目标国家形势等。第三层影响要素为第二层的进一步细化,例如,国际形势包括国际合作等。

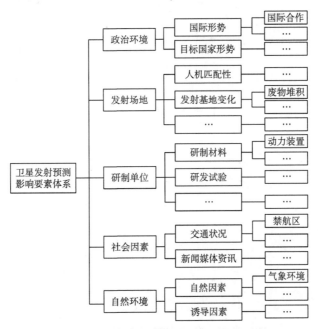

图 8.2　卫星发射的影响要素体系梳理结果

结合图 8.2 所示的卫星发射的影响要素体系梳理结果,当前方法主要基于发射基地变化、禁航区等影响要素,通过领域专家人工分析,得到某方向是否发射卫星的预测结果,忽略了新闻媒体资讯等开源信息对于卫星发射的作用。例如,某国在 2022 年 1 月 5 日发射商用卫星之前,该国多家主流新闻媒体进行了多次报道。根据帕累托提出的"八二原则",即 20%的关键要素对于事件的发生有着 80%的影响,本节将结合被忽略的可以开源获取的交通状况、新闻媒体资讯等影响要素,基于开源数据建立卫星发射的层次化影响要素体系为实际的卫星发射预测提供重要的参考。

8.2.2 关键要素选取

许多要素对于卫星发射的影响程度已经得到深入研究,但仅依靠它们难以在较长时间跨度前准确地预测某方向是否会发射卫星,且它们在实际应用中难以开源获取。依据"八二原则",被忽略的交通状况等开源数据对于卫星发射预测也具有重要的价值。本节基于开源数据,建立卫星发射的层次化影响要素体系。部分要素对于卫星发射的影响存在冗余、矛盾等情况,需要进一步筛选关键影响要素[2]。

具体而言,本节在选取关键要素时,遵循数据开源、归纳合并的原则。其中,数据开源原则要求影响要素对应的数据可以通过开源获取得到;归纳合并原则要求根据开源数据的质量、要素对于卫星发射预测的影响,将部分相似、数据较为稀疏的影响要素进行合并。如积云、表面电场等相似的影响要素可以被合并为气象环境这一影响要素。通过选取卫星发射的关键影响要素,可以归纳合并得到如图 8.3 所示的卫星发射的层次化影响要素体系前两层。

图 8.3 对应卫星发射的三层影响要素体系的前两层结构,最后一层影响要素为图中第二层影响要素的进一步细化。具体地,对于政治因素而言,国际制裁包括国际技术制裁、

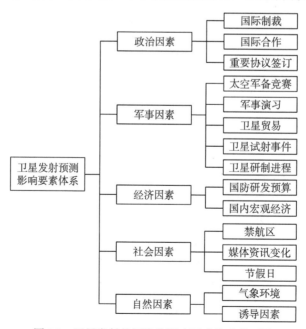

图 8.3　卫星发射的层次化影响要素体系前两层

国际商业制裁等；对于军事因素而言，太空军备竞赛包括反卫星武器、太空武器平台等；对于经济因素而言，国防研发预算涵盖研制单位年度预算、研究经费投入；对于社会因素而言，媒体资讯变化包括国内网络讨论增加、相关主题报道增加；对于自然因素而言，气象环境主要包括积云、风力、雷电、湿度等影响卫星发射的气象因素。

通过要素体系梳理、关键要素选取，卫星发射的层次化影响要素体系得以建立，卫星发射事件的准确预测得到重要的要素保障。

8.3　数据获取与处理

依据抽象的层次化影响要素体系难以得知各要素如何影响导弹发射，基于影响要素体系构建合适的数据集是卫星发射准确预测的有力信息支撑。数据集构建主要包括数据源选取和数据采集，解决卫星发射数据来自哪里、如何采集的问题。

8.3.1　数据源选取

针对卫星发射，首先基于媒体公信力等经验知识初步筛选数据源，之后进行新闻溯源与热力图分析，通过评估数据源的重要性，确认需要重点跟踪的数据源。

具体而言，根据经验知识，维基百科[①]中卫星、卫星发射历史记录信息比较完整，而卫星跟踪网站[②]汇总更新卫星发射信息比较及时，如图 8.4 所示。针对新闻媒体数据，将国际、某方向内部的具有影响力的媒体选为初步跟踪网站，利用搜索引擎，检索某方向、卫星等关键词，对返回的新闻进行筛选和排序，进一步扩充初步跟踪网站。

图 8.4　维基百科和卫星跟踪网站中"卫星"相关信息

---

① https://zh.wikipedia.org/wiki/人造卫星, 2023-11-18.
② https://www.n2yo.com, 2023-12-07.

基于初步跟踪网站，通过查看对应的引用、转载情况进行新闻溯源，使用热力图分析与其主题相关的其他新闻源，不断扩展卫星发射的数据源。例如，以某一个新闻事件报道为中心，查找其引用、转载信息，以及其他媒体报道的同类新闻，直至没有新的信息结束，从而实现卫星发射数据源的有效扩充。基于选定数据源，根据"卫星"，将新闻数据同某方向卫星发射的相关性阈值设置为α，对应的新闻媒体数据如图 8.5 所示，其中的百分数表示数据同卫星发射的相关程度。

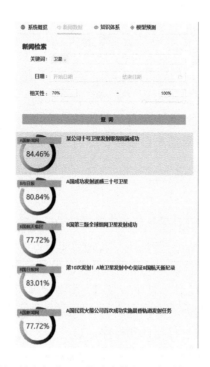

图 8.5   根据卫星和阈值α，从选定数据源中采集的新闻媒体数据

考虑到不同数据源信息发布的质量、发布的及时性等存在显著的差异，需要结合数据重要性评估来提升获取信息的质量。具体地，检索与卫星发射相关的关键词，通过统计不同数据源的新闻量等指标，评估数据源对于卫星发射预测的重要性。特别地，对于禁航区这类相对固定且影响权重较大的影响要素，基于数据完整性、信息及时性，通过人工对比分析，追溯数据产生源头，并将其作为跟踪数据源。

8.3.2 数据采集

选取数据源后，需要结合有效的数据采集方法，尽可能全面及时地获取相关数据，构建适合于卫星发射预测的数据集，为准确预测提供有力的信息支撑。

根据数据的更新频率，数据采集可以分为静态数据采集和动态数据采集，如图 8.6 所示。结合数据发布的及时性、新闻媒体热度，通过设置数据采集频率，保证数据采集与卫星发射预测的及时性。

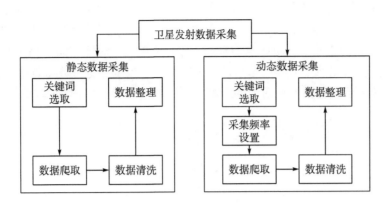

图 8.6 卫星发射数据的采集方法

针对卫星信息、卫星研制单位这类静态数据，根据选取的数据源，通过数据爬取、数据清洗、数据整理来完成数据采集。对于动态数据采集而言，针对国际合作、联合军演等数据发布源不固定的动态数据，则基于选取的重要跟踪数据源进行关键词检索，结合数据引用、数据相关性来实现数据扩充。

数据采集方法能够保障静态数据和动态数据获取的完整性，数据采集频率则能够决定卫星发射事件预测的及时性和准确性。具体而言，对于卫星发射记录这一静态数据，在每次卫星发射后更新对应的历史发射信息、卫星研制进程。对于数据源相对固定的动态数据，根据数据的重要性和数据信息发布频率设置对应的采集频率。例如，虽然禁航区信息会随时发布，但是禁航信息会提前 2～3 天发布，可以将禁航区的数据采集频率设置为每天一次。对于新闻媒体信息，根据与卫星发射相关的新闻媒体数据是否大量增加，动态地设置新闻媒体数据采集频率，根据新闻热度，定向采集主题相关的新闻数据。

不同影响要素数据的选择时间窗口大小存在差异。例如，对于节假日，选择预测当日对应的前后一周数据；对于禁航区，选择预测当日的禁航区数据。由于部分新闻媒体数据同卫星发射的关联较为隐晦，如领导人出访某个卫星发射基地，该基地在一个月后发射卫星，需要采集关注时间前一个月的新闻媒体数据。除此之外，还可以针对新闻媒体数据设置衰退因子，调整不同时间数据的影响。

8.3.3 数据预处理

通过数据源选取，结合数据采集，有效地获取大量同卫星发射相关的数据，而网络爬虫获取的数据存在格式不统一、不相关的图片和广告等噪声数据繁杂的问题，需要对数据进行初步清洗操作。本节对数据进行清洗和标注等预处理，梳理数据样式核心字段，有效地利用导弹发射影响要素对应的采集数据。

针对卫星发射的历史数据，选取卫星种类、发射日期等关键字段。针对卫星本身的信息，选取卫星类型、卫星用途等关键字段。

对于新闻媒体数据的处理而言，需要评估其同卫星发射事件的相关性。从数据源获取新闻媒体数据后，通过统计卫星发射数据集的关键词，不断地清洗新闻媒体数据，清除其中同卫星发射不相关的信息。除此之外，针对清洗后的新闻媒体数据，利用图 8.7 所示的计算方法评估影响力大小、计算影响力趋势，并将影响力、时间、描述等作为新闻媒体资讯的关键字段。设定相关性的阈值 α，设置同图 8.5 一致的关键词，依据选定的数据源，可以得到图 8.8 所示的各数据源对应的新闻数据影响力趋势和关键词云。

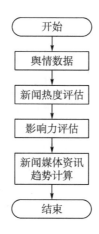

图 8.7　新闻媒体资讯的影响程度评估流程

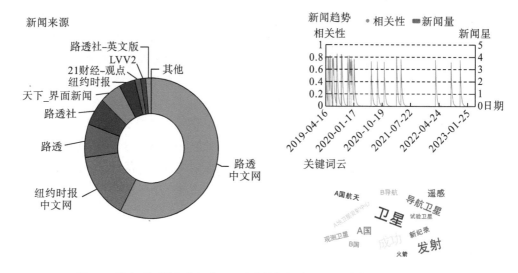

图 8.8　给定"卫星"和阈值 α，对应的新闻来源、影响力趋势和关键词云

对于军事演习数据的处理而言，将军事演习名称、参与国家等定为关键字段。对于禁航区数据的处理而言，选取事件类型、禁航区主体等为关键字段。对于节假日数据的处理而言，设置节假日国家、名称、时间为关键字段。

通过数据源选取、数据采集、数据预处理，成功地构建卫星发射的高质量数据集，为卫星发射事件的准确预测提供重要的数据支撑。

8.4　知识超图构建实例

基于卫星发射的层次化影响要素体系，通过数据获取与处理，构建了预测卫星发射事件所需的高质量数据集。然而，各影响要素如何影响卫星发射仍未知，需要构建卫星发射的层次化知识体系，为准确地预测卫星发射事件提供有力的知识支撑。本节首先基于第 2 章介绍的知识超图模型，构建卫星发射的层次化知识超图；之后，基于卫星发射的高质量数据集，完善卫星发射相关事件之间的关联关系；最后，结合知识更新方法，及时地更新层次化知识超图。

8.4.1　知识体系梳理

相较于头实体、关系和尾实体组成的知识三元组，超边可以描述多个实体之间的复杂关系。实体 $s_1, s_2, \cdots, s_p$ 之间的超边 r_i^s 可以被形式化地表示为 $r_i^s = \left(\left| r_i^s \right|, s_1, s_2, \cdots, s_p \right)$，其中，$\left| r_i^s \right|$ 表示 r_i^s 的语义，p 表示超边大小。例如，概念层中，由于"军事演习"可以由"参与国""地点""目的"和"发生时刻"进行描述，那么超边表示为"军事演习(军事演习，参与国，地点，目的，发生时刻)"。

参照卫星发射的层次化影响要素体系，结合卫星发射的高质量数据集，利用知识抽取、知识融合等相关方法，基于知识超图，可以构建卫星发射的层次化知识体系，该知识体系的完整结构与部分结构分别如图 8.9 和图 8.10 所示。

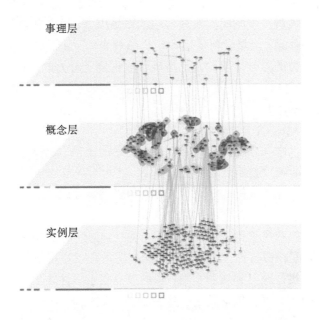

图 8.9　卫星发射的层次化知识体系的完整结构

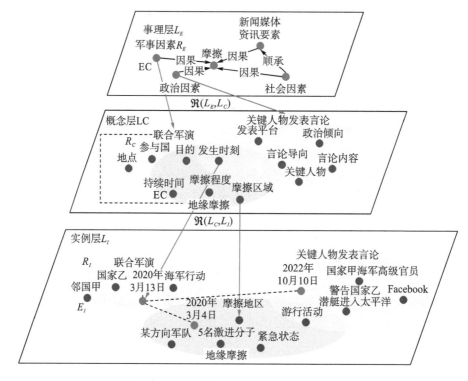

图 8.10 卫星发射的层次化知识体系部分结构

图 8.10 刻画了一组与卫星发射预测相关的地缘政治事件，实例层中发生于 2020 年 3 月 4 日、2020 年 3 月 13 日和 2022 年 10 月 10 日的三个事件可以被分别归类为概念层中地缘摩擦、联合军演和关键人物发表言论。概念层中地缘摩擦、联合军演和关键人物发表言论这三个事件又可以被进一步归属到事理层中的军事因素、冲突和政治因素。通过构建卫星发射的层次化知识体系，卫星发射的层次化影响要素体系、卫星发射的高质量数据集和相关专家知识得到有效的融合，卫星发射准确预测得到了有力的知识支撑。

8.4.2 关联关系完善

卫星发射相关事件之间存在隐含关联，事件关系的准确、定性发现，是构建事件逻辑关联、支撑卫星发射准确预测的重要前提。首先，针对不同事件中卫星发射相关实体的不同描述，结合语义相似性度量相关方法，进行实体消歧。之后，结合事件的多维约束，全面准确地发现卫星发射相关事件之间的隐含关系。

为了实现卫星发射相关事件的实体消歧，首先，针对所有的相关事件，评估这些事件之间的相似程度，匹配相似事件。之后，利用知识图谱和卫星发射的层次化知识体系，将卫星发射的相关事件实体映射到超图空间，超图节点表示事件实体，超边则表示事件实体之间的关系，特定的超边可以包含满足一定特征的相似实体。

为了实现卫星发射相关事件的隐含关系发现，通过获取相关事件之间的依赖关系、抽取相关事件之间的语义关系、提取跨媒体相关事件之间的蕴含关系，全面准确地抽取事件关系。具体地，首先结合长短时记忆网络模型，针对不同尺度的相关事件，提取事件之间的依赖路径，进而学习路径的整体特征。之后，结合相关事件的语义特征，识别事件之间的共指关系，进而构建相关事件之间的关联结构，强化事件文本内容之间的关系表达。最后，结合图像等数据，运用这些数据的事件特征与文本数据的复杂关系，计算事件之间相似程度，进一步提取事件之间的蕴含关系，完整地抽取跨媒体采集数据中的相关事件隐含关系。

8.4.3　知识体系更新

考虑到卫星发射事件预测结果对于时效性的要求，结合数据采集结果的不断扩充，卫星发射的层次化知识体系需要实时地反映新的知识，例如，各种社交媒体数据源囊括快速产生且不断演化的数据，层次化知识体系需要不断地添加这些数据，进而完整地体现卫星发射相关知识随时间推移的演化发展过程。因此，如何高效地将数据采集结果中蕴含的新知识添加到卫星发射的层次化知识体系，实现层次化知识体系的增量构建，对于卫星发射事件的准确预测具有重要意义。

根据我国人民网和新华网报道的"禁航区"相关信息，可以抽取出新的三元组，如"(禁航区，位于，某区域)""(禁航时间，是，2022 年 11 月 29 日 22:58 至 23:39)"和"(某区域，位于，某省份)"等。其中，三元组"(禁航区，位于，某区域)""(禁航时间，是，2022 年 11 月 29 日 22:58 至 23:39)"与禁航区相关，可以增量更新到卫星发射的层次化知识体系，过程如图 8.11 所示。

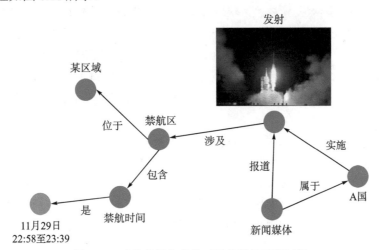

图 8.11　"禁航区"相关三元组增量更新过程

具体地，首先学习层次化知识体系对应的嵌入表示，之后结合优化算法降低增量构建的模型损失，得到能够高效地描述层次化知识体系且支持其增量构建的模型。在卫星发射层次化知识体系增量构建过程中，首先结合模型吻合度和语义吻合度这两个评判标准，通过定位事理实体确定需要更新的事件，再根据跨层关系寻找所需的事件相关概念实体，最后结合跨层关系定位对应的实例实体，自上而下地实现层次化知识体系的增量更新。

通过知识体系构建、关联关系完善和知识体系更新，建立了卫星发射的层次化知识体系，为卫星发射事件的准确预测提供有力的知识支撑。

8.5　基于知识超图的事件预测

通过构建卫星发射的层次化知识体系，刻画和组织了海量的卫星发射相关知识，为预测卫星发射事件提供强有力的知识支撑。基于构建的层次化知识体系，针对设定的预测场景，本节首先判别卫星发射事件是否可以被预测，之后训练和测试模型，通过分析预测结果，实现卫星发射的事件预测模型构建。

8.5.1　预测场景：某地卫星发射预测

事件预测是指人们基于已知数据对未发生的事件进行估计。具体而言，包括判断事件是否会在未来发生，估计事件发生的时间、地点等具体内容。对于卫星发射事件的预测而言，人们通常关心卫星是否会在未来某段时间内发射，卫星发射的概率又是多少。针对上述实际需求，本节设定如下的卫星发射事件预测场景：未来特定时间跨度后，某方向是否会发射卫星？

针对设定的卫星发射事件预测场景，结合各数据源的数据更新频率，本节从选定的数据源中，结合层次化影响要素体系，获取与处理所需的数据。本节选取某国 2022 年 10 月 16 日发射技术试验卫星这一事件，详细展示卫星发射相关数据的采集结果。

对于政治因素而言，以领导人言论为例，该国领导人在 2022 年 10 月 16 日发表有关加强国防建设的相关言论。对于社会因素而言，在 2022 年 11 月 29 日前后，技术试验卫星发射相关话题阅读量超 11 亿，讨论量超 17 万。对于经济因素而言，2022 年该国国民经济恢复向好。

对于自然因素而言，2022 年 11 月 29 日，该国卫星发射城市的温度为-17～-13℃，风速为 11km/h，相对湿度为 70%，气压为 86.1kPa，能见度为 24km。

根据数据采集结果和卫星发射的层次化知识体系，结合实际应用中对于卫星发射事件预测准确率的需求，可以进一步判断卫星发射是否可以预测，进而构建和优化事件预测模型，得到满足实际应用需求的卫星发射事件预测结果。

8.5.2　可预测性验证

随着计算机技术的高速发展，事件预测模型得到广泛的研究，许多模型对于特定事件的准确率较高，但它们都没有评估关注的事件是否可以预测，而事件可以被预测是开展事件预测的重要前提保障。

不失一般性地，根据事件是否具备明显的历史规律性，现有方法可以将事件进一步建模为：①平稳混合的随机过程；②非平稳非混合的随机过程。对于平稳混合的随机过程而言，这类事件的演化过程较为稳定，具备明显的周期特性，例如，各地的气温值、各地的公交车调度情况和各学校的作息时间等。对于非平稳非混合的随机过程而言，这类事件的演化过程包含众多不确定性因素，难以根据观测数据进行准确估计。例如，1928 年亚历山大·弗莱明在葡萄球菌培养皿中无意间发现的青霉菌挽救无数人生命等"蝴蝶效应"、2011 年 9 月 11 日发生在美国纽约世界贸易中心的一起系列恐怖袭击等"黑天鹅"事件、2008 年美国遭受次贷危机等"灰犀牛"事件。卫星发射也属于这一类型的事件。

对于建模为平稳混合随机过程的事件，这类事件的影响要素可以被逐个罗列，事件预测可以被形式化表示为确定的显式模型，可预测性得到有效的确认。例如，结合地理学知识，根据纬度因素、海陆因素和地形因素，可以预测所在地区的气温值。不失一般性地，将预测模型记为 F，气温值的预测可以被形式化表示为气温值$=F$(纬度因素，海陆因素，地形因素)。由于可以被抽象为确定的显式模型，从理论的角度，气温值满足可预测性。在实际应用中，只需要根据气温值的历史观测数据，优化预测模型 F，就可以得到准确的预测结果。

相较于建模为平稳混合随机过程的事件，抽象为非平稳非混合随机过程的事件在现实生活中更为常见，但它们的影响要素隐晦，不确定性较强，难以将事件预测抽象为确定的显式模型，对应的可预测性难以确认。

如图 8.12 所示，2003 年 12 月 23 日，美国报道首例本土"疯牛病"病例，随即日本、韩国、新加坡等国宣布暂停从美国进口牛肉产品，而据美国有线新闻网估计，此次事件将给美国带来数十亿美元的损失。从经济学的角度，经济危机出现的常见影响要素包括经济政策错误、原材料紧张、不可控的自然灾害、经济全球化和金融政策错误。该事件中的经济重创不来源于上述影响要素，"疯牛病"病例也不是牛肉原材料紧张的必要条件。用 H

图 8.12　美国"疯牛病"

来源：科普中国，"重温《蝴蝶效应》：科学观还是宿命论？"

表示预测模型，可以得到经济危机=H(经济政策错误，原材料紧张，不可控的自然灾害，经济全球化，金融政策错误，？)，"？"表示未知的影响要素。由于不能表示为确定的显式模型，经济危机不一定满足可预测性。在实际应用中，需要结合多次的预测结果，不断地完善事件的影响要素，提升预测的准确率。

如果不考虑事件预测的准确率，只要预测结果可以在如图 8.13 所示的图灵机理论模型上被计算得到，即预测模型满足图灵可计算性，那么所有的事件都可以被视为可预测的，而事件预测的准确率受预测模型和观测数据的共同影响。结合图灵可计算性，通过评估预测模型质量和观测数据质量，一种统一的事件可预测性确认方法被建立，该方法对于建模为平稳混合随机过程和非平稳非混合随机过程的事件，都能实现事件可预测性的有效确认。

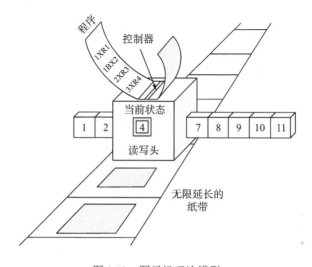

图 8.13　图灵机理论模型

经过理论证明，得到如下结论：事件可预测必须同时满足：①预测结果是可计算的；②预测值和真实值之间的误差是可接受的。其中，条件①成立要求事件预测模型满足图灵可计算条件，在条件①成立的基础上，若条件②成立，那么事件是可预测的。经证明，事件的预测误差 Y_{error} 取决于已知数据质量 X_{data} 和预测模型质量 X_{model}，即 $Y_{error}=f(X_{data},\ X_{model})$。结合不确定性分析，给定事件预测误差的可接受阈值 ϵ，对于任意的 $0<\delta\leqslant1$，若 $\mathrm{Pr}\,Y_{error}\leqslant\epsilon$ 且 $1-\delta\leqslant\epsilon$ 成立，则条件②满足，事件是可预测性取决于数据质量 X_{data}、模型质量 X_{model} 和误差可接受阈值 ϵ。

针对特定时间跨度后某方向是否会发射卫星这一应用案例，根据卫星发射的层次化影响要素体系，结合选定的数据源和数据采集频率，可以得到 2022 年某方向卫星发射的所有相关事件数据。由于所有模型的预测结果都可以在图灵机理论模型上被计算得到，即卫星发射满足条件①。本节仅确认导弹发射是否满足条件②，通过设置事件预测的可接受误差阈值 ϵ 和可预测性判别的置信度阈值 $1-\delta$，运用 discrepancy 和 Rademacher 复杂度，估计预测模型质量 X_{model} 和已知数据质量 X_{data}，基于构建的事件预测模型，计算预测准确率 Y_{acc}，统计事件预测误差 $Y_{error}(1-Y_{acc})$ 不大于设定误差阈值 ϵ 的概率，可以确认事件是否可以预测。

具体地，本节依据专家知识，设定 $\epsilon = \beta(0 < \beta < 1)$，$1 - \delta = \gamma(0 < \gamma < 1)$，其中的 β 和 γ 均为实际应用中的具体数值。除此之外，本节结合大数定律，通过统计 N 次独立重复预测中 $1 - Y_{acc} \leqslant \beta$ 的次数 n，并将频率 $fr = n / N$ 作为概率，可以得到如表 8.1 所示的卫星发射可预测性的确认结果，加粗的为实际确认结果。

表 8.1　卫星发射事件的可预测性的确认结果

误差可接受概率/预测误差	预测误差大于 ϵ (0)	预测误差不大于 ϵ (1)
误差可接受概率小于 γ (0)	(0, 0, 不可预测)	(0, 1, 不可预测)
误差可接受概率不小于 γ (1)	(1, 0, 不可预测)	**(1, 1, 可以预测)**

8.5.3　预测模型自动优化

通过事件可预测性确认设定的应用案例是可以被预测的，对应的预测结果也具备实际应用价值。本节将结合卫星发射的层次化知识体系，运用某方向卫星发射的历史观测数据，针对选定的事件预测模型进行训练与优化，预测特定时间跨度后某方向是否会发射卫星这一事件。

利用选定的事件预测模型，结合构建的卫星发射层次化知识体系，卫星发射事件预测对应的完整流程如图 8.14 所示。

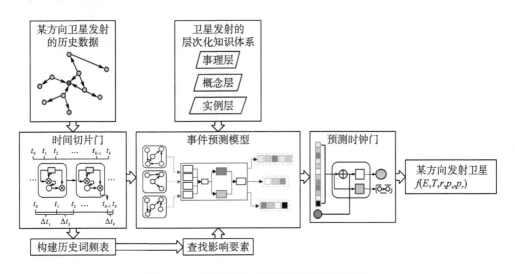

图 8.14　卫星发射事件预测对应的完整流程

为了预测特定时间跨度后某方向是否会发射卫星，首先针对某方向卫星发射的历史数据，利用时间切片门，划分卫星发射事件对应的时间切片。之后，通过构建历史词频表、查找影响要素，自上而下地从卫星发射的层次化知识体系中抽取对应的卫星发射知识。最后，运用选定的事件预测模型，结合预测时钟门，得到特定时间跨度后某方向是否会发射卫星的预测结果，并将其存储为五元组 $f(E, T, r, p_e, p_r)$。其中，f 表示卫星发射的预测结果，E 表示特定时间跨度后某方向发射卫星这一事件，T 表示特定的时间跨度，r 表示卫星发射的影响要素，p_e 表示事件发生概率，p_r 则表示影响要素的出现概率。

具体地，根据"取消地区特权""发言谴责"这两个事件影响要素，可以从层次化知识体系中自上而下地抽取得到(某方向，取消地区特权，某地区，2020 年 5 月 1 日，政策)与(邻国乙，谴责，某方向，某型号卫星研制，2020 年 8 月 10 日)这两个实例层事件超边。对这两个超边进行嵌入表达之后，本节进行图 8.15 所示的三阶段事件超图推理：挖掘实例层事件知识的隐含时空关联、归纳概念层超边"取消地区特权"和"卫星发射"之间的隐藏因果关联、归纳事理层节点间因果关联并计算实例层超边之间的因果概率。最后，结合历史词频表，本节利用时间门控事件预测模型，预测特定时间跨度后某方向是否发射卫星。

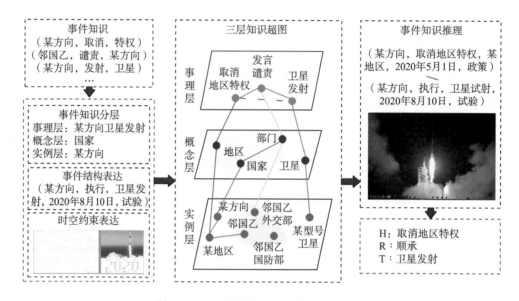

图 8.15   卫星发射事件的三阶段推理过程

地图来源：GS (2016) 2945

近年来，随着人工智能和大数据技术的飞速发展，数据驱动的深度神经网络得到广泛的研究和应用，基于深度神经网络的事件预测方法能够基于历史观测数据准确地预测事件的未来发展趋势。然而，现有的深度神经网络只能学习历史观测数据中重复出现的事件片段，难以有效地学习历史事件的语义特征。除此之外，卫星发射事件的相关数据样本量有限，仅根据这些数据难以获取最优的深度神经网络架构，很难为卫星发射事件的准确预测提供有力的模型支撑。针对上述问题，本节结合卫星发射的层次化知识体系，构建自适应的卫星发射预测模型，利用历史知识实现模型的持续性成长和自动优化。

结合图 8.16 可以看出，针对卫星发射预测的模型构建及优化，首先结合某方向卫星发射的相关数据和构建的层次化知识体系，得到卫星发射相关的实体及其对应关系。之后，在给定的模型单元中，依据抽取的卫星发射相关知识，利用时序控制器网络，采样得到学生模型，并将模型准确率作为奖励值 R。最后，将采样的学生模型投入教师池中，结合经验知识，采样新的学生模型，并将模型准确率这一奖励值 R 反馈给时序控制器网络，用于更新时序控制器网络参数，进而再次采样、不断迭代，直到找到预测性能最好的学生模型，并将性能最好的学生模型作为最终的预测模型，实现导弹发射预测模型的优化。

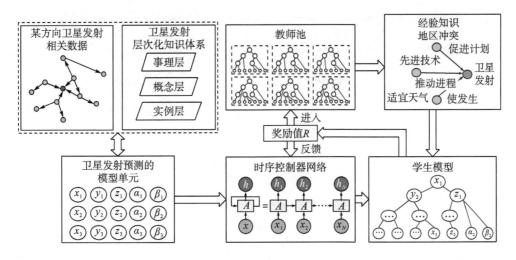

图 8.16　卫星发射预测模型的自动构建及优化过程

通过预测场景设定、可预测性确认和预测模型优化，卫星发射的高精度预测模型得以建立，特定时间跨度后某方向是否会发射卫星得到准确的预测。

8.6　基于知识超图的推理决策

通过影响要素分析，本节建立卫星发射的层次化影响要素体系，在此基础上经过数据获取与处理，构建卫星发射的高质量数据集，结合专家知识，确立卫星发射的层次化知识体系，通过构建预测模型，可以准确地预测特定时间跨度后某方向是否会发射卫星。本节将基于卫星发射预测这一应用场景，展示应用系统的数据获取、知识抽取、知识体系构建、事件预测这四个功能模块。

8.6.1　数据获取

应用系统的数据获取模块能够对各应用场景下的新闻数据和社交媒体数据进行采集，并结合采集关键词、数据源、采集频率等参数的设置，提供两类数据的采集结合和结果统计信息的可视化展示。

根据选定的重要跟踪数据源，通过将采集关键词设置为 testify、miss、president、border，并将采集间隔设置为 60min。基于设定的采集配置，应用系统可以运用结合数据特性和更新频率的数据获取与处理方法，得到某方向卫星发射的相关数据。某方向卫星发射相关数据的采集配置、数据采集时阵和采集速率如图 8.17 所示。

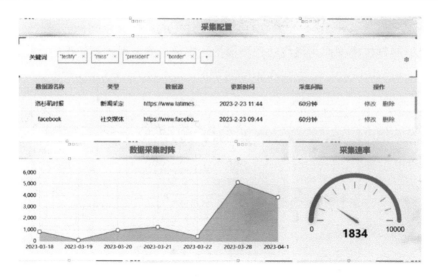

图 8.17　某方向卫星发射相关数据的采集配置、数据采集时阵和采集速率

基于设定的采集配置，应用系统可以运用结合数据特性和更新频率的数据获取与处理方法，得到某方向卫星发射的系统数据，其统计信息如图 8.18 所示。

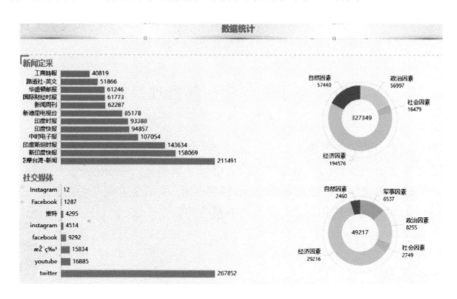

图 8.18　系统数据采集统计信息

通过数据获取与处理，卫星发射预测所需的数据在应用系统中得到有效的存储。

8.6.2　知识抽取

通过数据获取，重点跟踪并采集数据源中同某方向卫星发射相关的多模态信息。结合卫星发射的层次化影响要素体系，应用系统可以通过载入新增数据、统计分析数据、融合跨媒体数据、表征知识和构建知识关系图等，抽取卫星发射相关数据中蕴含的知识，有效地构建卫星发射的层次化知识体系。搭建的系统可以有效地处理文本、图像等跨媒体数据。

　　对于载入的跨媒体数据，系统可以运用跨媒体数据强化的关联关系完善方法，对载入数据进行进一步分析，抽取数据中蕴含的隐藏关联，得到事件要素、知识抽取结果，构建群体关系图，如图 8.19 所示。

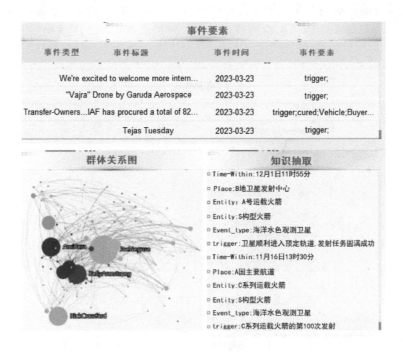

图 8.19　系统对于载入数据的分析结果

　　进一步地，还可以结合多元关系感知的知识体系梳理，借助吻合度保障的知识体系更新方法，对抽取的知识进行表征，得到跨媒体数据对应的知识表征和事件抽取结果，如图 8.20 所示。

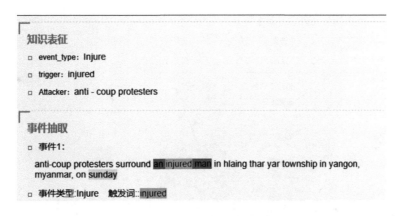

图 8.20　系统中知识表征和事件抽取结果

8.6.3 知识体系构建

利用抽取得到的卫星发射相关知识，系统可以根据层次化知识体系模型及对应的构建、更新方法，搭建卫星发射的层次化知识体系。与之对应，系统还可以呈现知识节点信息、图谱数据、部分知识体系等。

具体而言，根据从某方向卫星发射相关数据中抽取得到的知识，结合归纳的群体关系图等，系统详细地展示知识体系中的节点信息，包括节点标签、所属层级、节点 ID 等信息，如图 8.21 所示。

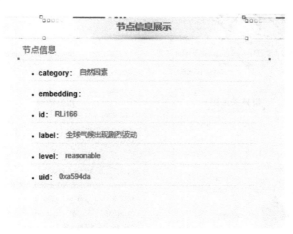

图 8.21　知识节点信息展示实例

除此之外，系统可以借助多元关系感知的知识体系梳理方法，基于某方向卫星发射数据中抽取得到的事件和知识，搭建卫星发射的层次化知识体系。结合输入的查询条件，按照事理层-概念层-实例层的自上而下顺序，可以逐层匹配对应的相关节点，得到输入信息对应的知识体系局部结构。例如，输入"军事演习"这一信息，对应的系统知识体系局部结构如图 8.22 所示。

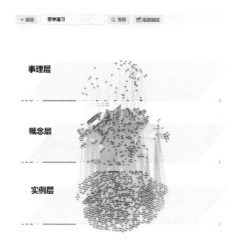

图 8.22　"军事演习"对应的系统知识体系局部结构

8.6.4 事件预测

基于卫星发射的层次化知识体系，系统可以利用基于可预测性的模型优化方法，通过划分知识图谱切片、构建与优化事件预测模型、分析预测结果等，精准地预测特定时间跨度后某方向是否会发射卫星。

首先，按照近期事件更为重要的原则，针对搭建的卫星发射层次化知识体系，系统可以将某方向卫星发射对应的时序知识图谱，在不同时间段上进行重新划分，能够得到知识图谱切片结果。

之后，针对知识图谱的切片结果，结合卫星发射层次化知识体系，系统可以结合基于可预测性的模型优化方法，利用知识驱动的预测模型自动优化方法，构建合适的某方向卫星发射预测模型，构建的系统预测模型实例如图 8.23 所示。

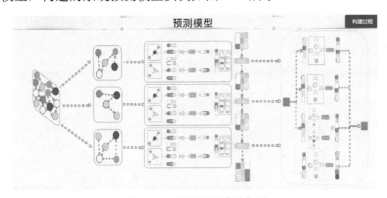

图 8.23 系统预测模型实例

具体地，以 2023 年 4 月 23 日为例，系统对于未来三天某方向是否会发射卫星的预测结果如图 8.24 所示，除此之外，系统可以详细地展示预测结果有关的相关影响要素，并以图谱的形式进行呈现。

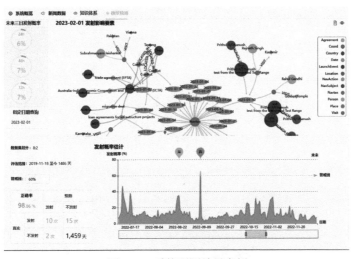

图 8.24 系统预测结果实例

8.7　本章小结

知识超图能够高效简洁地组织复杂事件知识，有助于实现高效率的知识更新与推理，能够为事件预测提供理论和知识支撑，在实际应用中具备重要价值。结合某方向卫星是否会发射的实际场景，本章从应用案例的影响要素分析、知识超图的数据获取与处理、知识超图的构建实例、基于知识超图的事件预测出发，详细地介绍了知识超图在事件预测中的实际应用。

参 考 文 献

[1] 维基百科. 人造卫星[EB/OL]. [2023-10-11]. https://zh.wikipedia.org/wiki/人造卫星.

[2] 卫星跟踪网站. [EB/OL]. [2023-12-07]. https://www.n2yo.com.